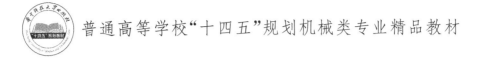

普通高等学校"十四五"规划机械类专业精品教材

机械制图测绘

主　编　万志华

参　编　翟　彤　余　群　魏　昕

U0363126

华中科技大学出版社

中国·武汉

内 容 简 介

本书较全面地介绍了机械制图测绘课程的性质、目标和任务要求,归纳了常用的零部件拆卸工具及其使用方法,阐述了常见测绘工具和常见结构的测量方法,介绍了典型零件的测绘表达方法,并举例说明了几种典型装配体的测绘过程和方法。

本书可作为高等院校机械类专业(如机械设计制造及其自动化、车辆工程、过程装备与控制工程、包装工程、材料成型及控制工程等专业)本科生课程或研究生选修课程的教材,也可为从事机械零部件测绘和改制工作的工程技术人员提供参考。

图书在版编目(CIP)数据

机械制图测绘/万志华主编.—武汉:华中科技大学出版社,2023.10
ISBN 978-7-5772-0068-2

Ⅰ.①机… Ⅱ.①万… Ⅲ.①机械制图-测绘-高等职业教育-教材 Ⅳ.①TH126

中国国家版本馆 CIP 数据核字(2023)第 195640 号

机械制图测绘
Jixie Zhitu Cehui

万志华　主编

策划编辑:万亚军
责任编辑:杨赛君
封面设计:原色设计
责任监印:周治超
出版发行:华中科技大学出版社(中国·武汉)　　　电话:(027)81321913
　　　　　武汉市东湖新技术开发区华工科技园　　　邮编:430223
录　　排:武汉正风天下文化发展有限公司
印　　刷:武汉市洪林印务有限公司
开　　本:787mm×1092mm　1/16
印　　张:7.25
字　　数:158 千字
版　　次:2023 年 10 月第 1 版第 1 次印刷
定　　价:25.00 元

前　言

　　机械制图测绘是在完成机械制图理论课程之后,用一周时间专门进行装配体测绘的实践类课程。该课程一方面可以帮助学生巩固机件的表达方法、零件图和装配图画法等机械制图理论知识,另一方面可以通过拆装零部件、绘制零件草图和零件工作图锻炼学生的实践操作能力。本书是编者结合多年的机械制图教学经验和现代工程图学的发展特点编写的,可作为高等院校机械制图测绘课程的专用教材。

　　本书的主要特点如下:

　　(1)注重实践性。本书的内容紧扣制图测绘实训教学课程大纲,通过零部件拆装、零件草图绘制、零件工作图绘制、装配图绘制等环节,培养学生用图学理论解决实际工程问题的能力。

　　(2)图文并茂,简洁明了。本书通过大量的实物图片和工程图样,让学生从感官上认识各类测绘工具、零部件拆卸工具和常用的测绘模型,并通过精练的语言帮助学生更快地理解制图测绘的操作流程。

　　(3)突出思政教学目标。本书通篇强调贯彻制图国家标准的重要性,并注重培养学生团队协作精神以及敢于质疑、注重科学、求真务实的学习态度。

　　本书由武汉轻工大学机械工程学院万志华主编,翟彤、余群、魏昕参编,具体编写分工如下:第1至6章和附录3至附录6(万志华),附录1(翟彤),附录2(魏昕),附录7(余群)。本书在编写过程中得到了华中科技大学出版社的大力支持,在此表示衷心的感谢!

　　由于编者水平有限,本书难免有疏漏和错误之处,恳请广大读者批评指正。

编　者

2023 年 5 月

目　　录

第 1 章　机械制图测绘概述

1.1　制图测绘的概念

制图测绘就是对现有的部件或机器进行实物拆卸与结构分析,选择恰当的表达方案,徒手绘制零件草图和装配草图,利用测绘工具对非标准件进行实物测量,再根据零部件之间的装配关系对测量的尺寸进行圆整,然后确定零件的材料和技术要求,最后用尺规或计算机软件绘制零件工作图和装配图的过程。机械制图测绘在维修和改造现有设备、交流生产经验、引进和推广先进技术等方面有着重要的意义。因此,制图测绘是工程技术人员必备的基本技能。

1.2　课　程　目　标

机械制图测绘是高等院校机械类专业的重要实践课程,是继机械制图理论教学课程之后,集中时间对学生进行一次集测量、绘图、设计为一体的综合能力训练。本课程的主要目标是让学生把已学的机械制图知识全面地运用到零部件测绘实践中,进一步巩固所学的机械制图知识,从而为后续专业课程学习奠定基础。本课程的核心目标是培养学生在实践中解决实际工程问题的能力。

1.2.1　课程知识与能力目标

① 了解零件图的作用、内容和技术要求。

② 熟悉零件的常见工艺结构。

③ 掌握目测比例和徒手绘制草图的方法。

④ 能够正确使用测绘工具和仪器测量零部件尺寸。

⑤ 掌握零件的测绘方法和步骤,能够选择合理的表达方法绘制典型零件的零件图。

⑥ 了解装配图的作用、内容、零部件序号的编排方法以及明细表的画法。

⑦ 能够正确绘制中等复杂程度的机器或部件装配图及零件图。

⑧ 能够正确查阅参考资料、国家标准手册和规范。

1.2.2　课程思政目标

① 培养学生认真负责的学习态度和严谨细致的工匠精神。

② 培养学生的团队协作精神。

③ 培养学生树立效率和质量意识。

④ 培养学生热爱科学、质疑探索、实事求是的学习风气。

1.3　制图测绘的要求

制图测绘注重培养学生独立分析和解决实际问题的能力,要求学生保质、保量、按时完成零部件测绘任务。机械制图测绘课程对学生和指导教师的具体要求为:

① 认真复习与测绘有关的制图理论知识,如"技术制图"国家标准相关规定、机件的表达方法、标准件和常用件、零件图与装配图等,明确测绘的目的、要求、内容、方法和步骤。

② 做好测绘前的各项准备工作,如测量工具、绘图工具、相关资料和手册、测绘的实物模型等。

③ 绘图时要严肃认真,保证图样正确完整,幅面清晰整洁。

④ 测绘时要独立思考、一丝不苟、有错必改,严禁不求甚解、照搬照抄。

⑤ 按计划完成测绘任务,所画图样经指导教师审查后方可呈交。

⑥ 指导教师要用理论课堂的教学要求规范测绘实训纪律,严格作息时间和考勤制度,将平时表现作为成绩考核的重要组成部分。

⑦ 在测绘过程中,应至少有一名指导教师在绘图室进行现场辅导和答疑。

教学过程中,教师可采用讲授、答疑、演示相结合的教学方式,教学内容与教学要求可参考表 1.1。

表 1.1　机械制图测绘教学内容与教学要求

序号	教学内容	教学要求	教学方式
1	测绘的准备工作	(1) 了解测绘对象; (2) 确定拆卸顺序	讲授 答疑 演示
2	绘制零件草图	(1) 分析和测量零件; (2) 确定零件表达方法; (3) 绘制零件草图	指导 答疑
3	绘制装配图	(1) 进一步熟悉测绘部件的结构特点、工作原理和零件间的相互关系; (2) 确定装配图的表达方案; (3) 绘制部件装配图	指导 答疑
4	绘制零件工作图	(1) 进一步分析零件的结构、功用、尺寸、技术要求以及与其他零件的关系,校核和调整零件草图; (2) 绘制各零件的零件工作图	指导 答疑
5	检查、整理和装订	(1) 仔细检查图纸; (2) 整理图纸,装订成册	答疑

1.4 制图测绘注意事项

① 测绘时要以安全为第一要务,安装拆卸测绘模型时要轻拿轻放,避免人员受伤。

② 为确保模型完好无损,拆卸前应仔细研究测绘模型的用途、性能、工作原理、结构特点及拆装顺序。要按顺序拆卸零部件,拆卸下的零部件在桌上摆放整齐,可按拆装顺序将零件编上序号,小零件要妥善保管,以防丢失或发生混乱。要注意保护零件的加工面和配合面。测绘任务完成后,要将模型及时还原。

③ 零件上因制造缺陷造成的砂眼、气孔、刀痕等,以及长期使用所造成的磨损,都不应画出。

④ 零件上有关制造、装配需要的工艺结构,如铸造圆角、倒角、倒圆、退刀槽、凸台、凹坑等都必须完整画出。

⑤ 绘制零件草图时,应留出标注尺寸的位置。

⑥ 与标准件配合的尺寸应按标准件的尺寸选取,如与轴承配合的孔和轴等,其余尺寸应根据尺寸圆整方法进行圆整。

⑦ 对螺纹、键槽、齿轮的轮齿等标准结构的尺寸,应将测量的结果与国家标准规定的值进行核对,一般采用标准结构尺寸。

1.5 图样命名和编号规则

1.5.1 产品型号的编制

各种机械产品都应有型号和名称,型号和名称应由设计、生产单位根据相关国家标准或行业标准的规定进行编制,并报有关管理部门备案。例如:金属切削机床的型号须按国家标准《金属切削机床 型号编制方法》(GB/T 15375—2008)的规定进行编制,农机具的型号须按行业标准《农机具产品 型号编制规则》(JB/T 8574—2013)的规定进行编制。例如:XQ6225 型卧式铣床型号,其中"X"为类别代号(铣床类),"Q"为轻便铣床,"6"为组别代号(卧式铣床),"2"为型别代号(万能升降台铣床),"25"为主参数(工作台宽度为 250 mm)。

1.5.2 零部件的命名

零部件是构成机械产品的基本单元,一个贴切、恰当的名称既能体现零部件的特征,又可帮助人们快速、准确地理解其含义。对零部件的命名力求贴切、实用、简便,既不能过分简单或烦琐,也不能有歧义。

通常机械产品按结构组成可分为几个大的部分,这些组成部分称为部件,各部件又可细分为若干个小部件或零件,各小部件最终又可划分为若干零件。除标准件外,其余零部件可按下列方式命名。

① 利用零部件的基本名称命名。此类零部件通常可在一般的技术资料中查到,如机械设计手册、"技术制图"国家标准等。基本名称是构成大多数零部件名称的基础部分,一般只有和其他词构成一个新词组才能反映零部件的特征,如果不致引起混淆,也可以单独使用。例如板、杆、块、套、网、管、轮、轴、箱、壳、架、盘、框、罩等,其中板、杆、块、套、网、管是按零部件的形

状来命名的,轮、轴是按其功能来命名的,箱、壳、架、盘、框、罩则是以抽象的形态来命名的。

　　② 以复合方式命名。复合方式命名是最常用的命名方式,它将描述零部件特征的词与零部件基本名称相结合构成复合零部件名称,从而区分相似的零部件。复合方式命名具体可分为以下几类。

　　a. 根据形状命名零部件。此类命名方法可反映零部件的总体形状,常见的词有宽窄、粗细、长短、厚薄、凹凸、直弯、圆方等。根据此方式命名的零部件如凸轮、曲柄、圆管、弯板等。

　　b. 根据功能命名零部件。零部件在机械产品中都有一定的功能,例如支撑、导向、夹紧、传动、容纳、连接、密封、防松等,这些功能是决定零部件主要结构及特征的依据。根据此方式命名的零部件如垫圈、顶尖、夹板、支承柱、导柱、定位环、防尘罩、进油管、密封圈等。

　　c. 根据材料命名零部件。这类零部件的特征主要体现在其制作材料上,零件常用的材料有铸铁、钢、铝、铜、橡胶、塑料、玻璃等。根据此方式命名的零部件如钢板、橡胶套、铜环、ABS 垫片等。

　　d. 根据安装位置及方向命名零部件。零部件的特征有时会体现在其安装位置或方向上,描述位置或方向的词包括左右、前后、上中下、内外、顶底、横竖、侧边等。根据此方式命名的零部件如左轴架、前梁、上盖、外壳等。

　　e. 根据制造方法命名零部件。常用的零部件制造方法有焊接、铸造、锻造、压力成形等,根据此方式命名的零部件如铸造床身、焊接机架等。

　　f. 其他复合方式命名零部件。例如根据零部件外形酷似的形状来命名的三通接头、棘爪、叉架等,以及根据零部件包含的特定含义或依托某一零部件而存在来命名的阀盖、油箱盖、泵体等。

1.5.3　图样编号方法

　　所有的工程图样都应该有独立的图样编号,用多张图样绘制同一个零件时,各张图样应标注同一编号。机械零件一般有两种编号方法,即分类编号法和隶属编号法。分类编号法一般适用于大批量生产、零件通用程度高的情况,隶属编号法适用于小批量生产的情况。制图测绘的图样编号应根据机械行业标准《产品图样设计文件 编号原则》(JB/T 5054.4—2000)的方法,宜采用隶属编号法。产品图样和技术文件编号一般可采用下列字符:

　　① A～Z 拉丁字母(I、O 除外)。

　　② 0～9 阿拉伯数字。

　　③ "-"短横线、"."圆点、"/"斜线。

　　隶属编号分为全隶属编号和部分隶属编号,它是按机器、部件、零件的隶属关系进行编号的。不同行业也可按各自行业或企业内部标准规定进行编号。对于机械制图测绘,一般采用全隶属编号。全隶属编号由产品代号和隶属代号组成,中间可用圆点和短横线隔开,必要时可加尾注。全隶属编号码位表如图 1.1 所示。

码位	1　2	3　4　5	6　7　8	9　10
		隶属代号		
含义	产品代号码位	各级部件序号码位	零件序号码位	设计文件、产品改进码位

图 1.1　全隶属编号码位表

产品代号由数字和(或)字母组成,有时可与产品型号通用。隶属代号由数字组成,其级数和位数应由产品结构的复杂程度确定。部件的序号应在其所属产品或上一级部件的范围内编号,零件的序号也应在其所属产品或部件的范围内编号。尾注号(见附录 2)表示产品改进和设计文件种类,由字母组成。产品图样设计文件编号示例如图 1.2 所示。

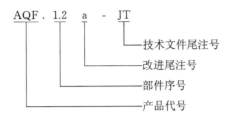

图 1.2　产品图样设计文件编号示例

全隶属编号根据具体产品零部件的复杂程度将零部件分为一级部件、二级部件和三级部件。以安全阀为例,各级部件、直属零件及部件所属零件编号示例如图 1.3 所示。

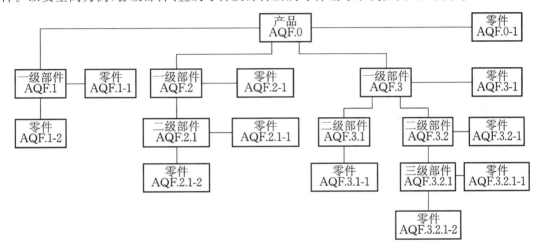

图 1.3　全隶属编号示例

1.6　图样归档方法

1.6.1　标题栏和明细栏

标题栏反映一张图样的基本综合信息,每张图样的右下角都应有标题栏,其填写格式参照《技术制图　标题栏》(GB/T 10609.1—2008)的要求,如图 1.4 所示。

装配图的标题栏上方还应有明细栏,用于填写零件的序号、代号、名称、数量、材料、质量、备注等内容,其格式应符合《技术制图　明细栏》(GB/T 10609.2—2009)的要求。装配体各零件的材料应填写在明细栏中,装配图标题栏中的材料标记一项通常不填写,如图 1.5 所示。

1.6.2　图样折叠和装订

图样归档有装订归档和不装订归档两种类型,一般需要折叠成 A4 大小。装订归档图样的折叠方法如图 1.6～图 1.9 所示,不装订归档图样的折叠方法如图 1.10～图 1.13 所示,

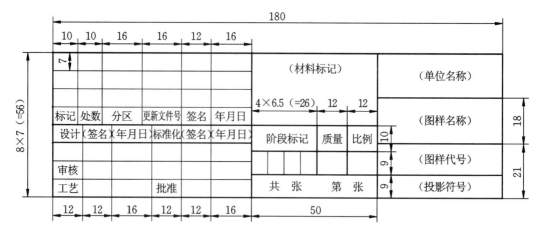

图 1.4　零件图标题栏参考格式

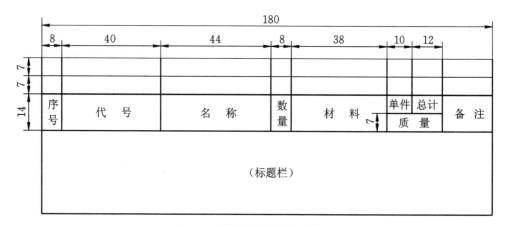

图 1.5　装配图明细栏参考格式

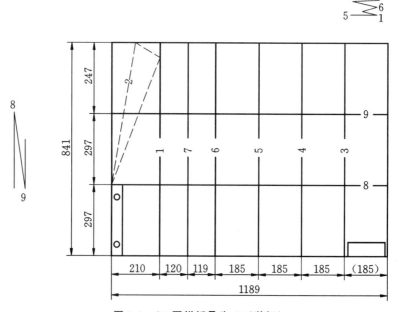

图 1.6　A0 图样折叠为 A4(装订)

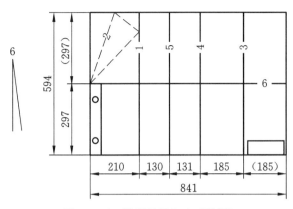

图 1.7　A1 图样折叠为 A4(装订)

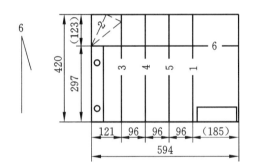

图 1.8　A2 图样折叠为 A4(装订)

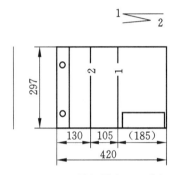

图 1.9　A3 图样折叠为 A4(装订)

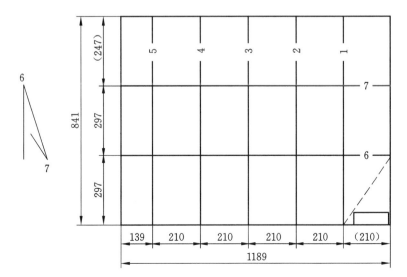

图 1.10　A0 图样折叠为 A4(不装订)

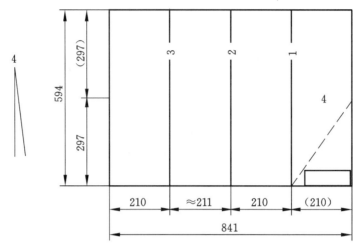

图 1.11 A1 图样折叠为 A4(不装订)

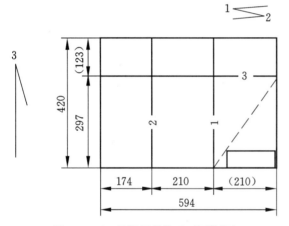

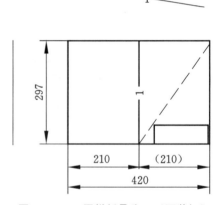

图 1.12 A2 图样折叠为 A4(不装订)　　　　**图 1.13** A3 图样折叠为 A4(不装订)

其他折叠方法参考《技术制图　复制图的折叠方法》(GB/T 10609.3—2009)。需要注意的是,无论采用何种折叠方法,折叠后图样的标题栏均应露在外部,以便查看图样的基本信息。

1.6.3　图样封面设计

测绘图样一般需要设计一张 A4 封面,与图样一起装订成册。图样封面通常包含测绘项目名称、学生姓名、学号、班级、指导教师等信息。图 1.14 为测绘图样封面参考格式。

制 图 测 绘

项目名称：_____

姓　　名：_____

班　　级：_____

学　　号：_____

指导教师：_____

完成日期：_____

测绘成绩：_____

××××大学工程图学系

图 1.14　测绘图样封面参考格式

1.7　课时分配及进度安排

按照课程基本要求，可将班级学生分成若干小组来完成测绘任务，每小组 4～6 人，各小组可设置小组长 1 人，负责测绘模型与测量工具的收发并提交测绘图样等。指导教师可根据实际情况安排测绘时间，一般以集中一周完成为宜，测绘内容与进度安排可参考表 1.2。

表 1.2　机械制图测绘教学进度安排表

时间	内容	要求
第一天	了解要测绘的装配体对象，确定拆卸的顺序；分析和测量零件，确定零件表达方案并绘制零件草图	分组完成装配体拆卸与安装，每组 4～6 人
第二天	进一步熟悉测绘部件的结构特点、工作原理和零件间的相互关系，确定装配图的表达方案并绘制装配图	小组讨论，确定表达方案
第三天	分析零件的结构、功用、尺寸、技术要求以及与其他零件的关系，校核和调整零件草图	草图绘制在指导书上

续表

时间	内容	要求
第四天	绘制各零件的零件工作图	零件工作图和装配图的绘制要符合国家标准
第五天	仔细检查图纸,整理图纸并装订成册	第五天下午交草图和零件工作图、装配图

1.8　课程考核与评价标准

　　本课程要求根据测绘模型绘制机械图样,并根据任务完成情况进行考核和成绩的评定。需要绘制的机械图样分为两部分:第一部分是草图的绘制,要求学生绘制模型零部件的草图;第二部分是装配图和零件工作图的绘制,并装订成册。本课程综合考查学生对零件图和装配图中各种规定表达、规定画法、国家标准的掌握程度,考查学生使用符合国家标准的机械图样正确和完整地表达零件和部件的能力,同时也考查学生是否具备严谨、认真、细致、有耐心的学习和工作态度。

　　本课程的总评成绩可采取五级制,即优秀、良好、中等、及格和不及格;也可采用百分制。总评成绩可由平时表现、草图成绩、零件工作图与装配图成绩三部分组成,三部分的权重可由教师根据实际情况确定。其中测绘图样的评分标准可参考表1.3。

表1.3　测绘图样评分标准

评分标准				
不及格	及格	中等	良好	优秀
图样不齐全,草图不规范,各图样表达方案错误较多;绘图线型粗细不分,图样绘制比例不合理;尺寸标注错误多,布图不合理;标题栏、明细栏、零部件序号填写不规范;图样脏污,字迹潦草不清,装订不规范	图样完整,草图基本规范,各图样表达方案基本无误;绘图线型基本规范,图样绘制比例基本合理;尺寸标注基本无误,布图基本合理;标题栏、明细栏、零部件序号填写基本正确;图样与字迹基本工整,装订基本规范	图样完整,草图较规范,各图样表达方案较合理;线型与比例较合理;尺寸标注与布图比较规范;标题栏、明细栏、零部件序号填写无误;图样有轻微污痕,字迹基本工整,装订较规范	图样完整齐全,草图规范,各图样表达方案正确;绘图线型较规范,图样绘制比例较合理;尺寸标注正确,布局合理;标题栏、明细栏、零部件序号填写正确;图样较整洁,字迹较工整,装订规范	图样完整齐全,草图规范,各图样表达方案准确无误;绘图线型规范,图样绘制比例合理;尺寸标注准确无误,布图合理;标题栏、明细栏、零部件序号填写正确;图样整洁,字迹工整,装订规范

第 2 章　零部件的拆卸方法

2.1　零部件拆卸的基本原则和步骤

零部件的拆卸是制图测绘的前提,通过拆卸零部件,可以弄清要测绘的零部件的工作原理、装配关系和结构形状,同时便于测量每个零件的尺寸和公差、测定零件的表面粗糙度、确定相应的技术要求等。

2.1.1　零部件拆卸的基本原则

在拆卸零部件之前,首先应当分析测绘模型的连接与装配关系,以便选择正确的拆卸方法和拆卸步骤,然后准备所需的拆卸工具。零部件拆卸时,应遵循以下几个原则。

（1）无损原则

无损原则有两个方面的含义:一是在测绘过程中应保证零部件无锈无损,如需检验零件,应选择无损检验方法,保管测绘模型时,应注意防腐蚀、防锈蚀、防冲撞等;二是在拆卸时要避免对零部件造成损伤,不要用重力敲击零部件,对于已经锈蚀的零部件,应先用除锈剂、松动剂等去除锈蚀物,再进行拆卸。

（2）恢复原样原则

恢复原样原则是贯穿整个拆卸过程的基本原则,要求被测零部件在拆卸后能够恢复到拆卸之前的状态,除要保证零部件的完整性、密封性和准确度外,还要保证在使用性能上与原部件相同。

（3）后装先拆原则

拆卸过程是与装配过程相反的过程,拆卸时应先拆卸最后装配的部分,后拆卸最先装配的部分。通常将复杂的部件,分为几个不同的子装配体,对于这种部件,应先把每个子装配体看作一个零件,先将该子装配体整体拆下,再拆卸子装配体内的各个零件。

（4）不拆卸原则

不拆卸原则也有两个方面的含义:一是在满足测绘需要的前提下,能不拆卸的就不拆卸;二是对于拆开后不易调整复位的零件尽量不要拆卸。根据这一原则,下列情况尽量不要拆卸:

① 过盈配合的衬套、销钉,壳体上的螺柱、螺套、丝套等;

② 需要经过调整才能满足使用要求的刻度盘、游标尺等;

③ 配合精度要求较高、重装困难或可能损坏原有精度的零部件;

④ 结构复杂、拆卸后难以重装的零部件。

以上是零部件拆卸的基本原则,对于一些特殊零部件或机器的拆卸,可查阅相关资料和标准。如零部件内部结构复杂或不可拆卸,切忌强行拆卸,可采用 X 光透视、三维扫描等方法进行测绘。

2.1.2 零部件的连接方式

零部件拆卸是一项技术性较强的工作,为了避免失误,需要按照规定的作业程序分析零部件的连接方式,并确定合理的拆卸步骤。

在拆卸零部件之前,必须清楚地了解零部件的连接方式,确认哪些是可拆的,哪些是不可拆的。机械部件按照能否拆卸可分为下列三种连接方式。

① 不可拆连接。不可拆连接是指永久性连接的各个部分,如焊接、铆接、过盈量较大的配合等。

② 半可拆连接。属于半可拆连接的有过盈量较小的配合、具有过盈的过渡配合等。半可拆连接属于不经常拆卸的连接,只有在中修或大修时才允许拆卸。在制图测绘中,这类连接非必要不拆卸。

③ 可拆连接。可拆连接包括各种活动的连接,如间隙配合和具有间隙的过渡配合,也包括零件之间虽然无相对运动,但是用可以拆卸螺纹、键、销等连接的部分。此类连接是否拆卸,需要根据测绘的实际情况而定。

2.1.3 零部件拆卸需注意的问题

零部件的拆卸一般是按照由外向内的顺序,即按照装配的逆过程进行。不同的零部件,其拆卸步骤也不相同,需要具体问题具体分析。拆卸时需要注意以下几个问题。

① 要根据零部件的结构和工作原理确定合理的拆卸顺序。对于不熟悉的零部件,拆卸前应仔细观察分析其内部结构特点,力求看懂记牢,或采用拍照、绘图等方法记录。对零部件内部必须拆卸的部分,可小心地边拆卸边记录,或者在查阅相关参考资料后再确定拆卸方案。

② 拆卸方法要正确。拆卸时要选择合适的拆卸方法,否则容易造成零件损坏或变形,严重时甚至会使零件报废。在制定拆卸方案时,应仔细揣摩零部件的装配方式,切忌对零部件硬撬硬扭。

③ 注意相互配合零件的拆卸。由于零件相互配合的松紧度和配合性质不同,零件拆卸时往往需要借助钳工锤冲击,锤击时需要对受力部位采取必要的保护措施,以免损伤零件。

④ 视情况适时调整拆卸方案。在拆卸过程中,可能会遇到一些意料之外的情况,此时需要根据出现的情况适当调整拆卸方案,使之趋于合理。

2.2 常用拆卸工具

为了保护零件,保证装配精度,在拆卸零部件时,应选择合适的拆卸工具。常用的拆卸工具主要有扳手类、螺钉旋具类、手钳类和拉拔器等。

2.2.1 扳手类工具

扳手的种类较多,常用的有活扳手、呆扳手、梅花扳手、内六角扳手、套筒扳手、管子钳等。

（1）活扳手

活扳手在使用时通过转动螺杆来调整活舌,用开口卡住螺母、螺栓等,然后转动手柄旋紧或旋松零件,如图 2.1 所示。活扳手的规格以总长度×最大开口宽度表示,如 450×60 表示总长度为 450 mm,最大开口宽度为 60 mm。活扳手具有在可调范围内紧固或拆卸任意大小转动零件的优点,但同时也有工作效率低、易松动等缺点,不适用于高扭矩的工作情况。

图 2.1　活扳手

（2）呆扳手

呆扳手又称开口扳手,用于紧固或拆卸固定规格的四角、六角或具有平行面的螺栓和螺母,分为单头和双头两种,如图 2.2 所示。

单头呆扳手的规格以开口宽度表示,如 8、10、12、14、17 等。双头呆扳手的规格以两头开口宽度表示,如 4×5、8×10、9×11 等。呆扳手的开口宽度为固定值,使用时无须调整,因此其工作效率高于活扳手。其缺点是每把扳手只适用于一种或两种规格的螺杆或螺母,需要成套准备,且与零件接触面少,容易造成被拆卸件的机械损伤。

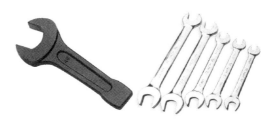

图 2.2　呆扳手

（3）梅花扳手

梅花扳手专用于紧固或拆卸六角头螺杆、螺母,可分为单头和双头两种,并按颈部形状分为高颈型、矮颈型、直颈型和弯颈型,如图 2.3 所示。

梅花扳手的规格以适用的六角头对边宽度来表示,如 8、10、12、14、17、19 等。双头梅花扳手的规格以两头适用的六角头对边宽度表示,如 8×10、10×11、17×19 等。梅花扳手的开口宽度为固定值,因此具有较高的工作效率,但也有需要成套准备的缺点。此外,其因有六个工作面,克服了前两种扳手易造成被拆卸件机械损伤的缺点。

图 2.3　梅花扳手

（4）内六角扳手

内六角扳手专门用于拆卸和安装标准内六角螺钉,如图 2.4 所示。其规格以适用的六角孔对边宽度表示,如 4、5、6、8 等。

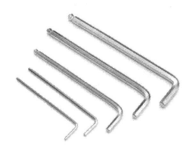

图 2.4　内六角扳手

（5）套筒扳手

套筒扳手适用于紧固或拆卸六角螺栓、螺母，尤其适用于空间狭小、位置深凹的工作场合。

套筒扳手由套筒、连接件、传动附件等组成，一般由多个不同规格的套筒和连接件、传动附件组成扳手套装，如图 2.5 所示。套筒扳手的规格以适用的六角头对边宽度表示，如 10、11、12 等。

（6）管子钳

管子钳用于紧固或拆卸金属管和其他圆柱形零件，如图 2.6 所示。

图 2.5　套筒扳手

图 2.6　管子钳

2.2.2　螺钉旋具类工具

螺钉旋具俗称螺丝刀，按工作端形状不同可分为一字形、十字形及内六角花形螺丝刀。

（1）一字形螺丝刀

一字形螺丝刀专用于紧固或拆卸各种标准的一字槽螺钉，如图 2.7 所示。一字形螺丝刀的规格一般以刀杆头部宽度×刀杆长度表示，如 3×75，表示刀杆头部宽度是 3 mm，刀杆长度为 75 mm（非全尺寸，不包括手柄）。

（2）十字形螺丝刀

十字形螺丝刀专用于紧固或拆卸各种标准的十字槽螺钉，如图 2.8 所示。十字形螺丝刀的规格以旋杆槽号表示，如 2、3、4 等。

图 2.7　一字形螺丝刀

（3）内六角花形螺丝刀

内六角花形螺丝刀专用于旋拧内六角螺钉,如图 2.9 所示。内六角花形螺丝刀的标记由产品名称、代号、旋杆长度、有无磁性和标准号组成。例如,内六角花形螺钉旋具 T10×75H,字母 H 表示带有磁性。

图 2.8　十字形螺丝刀

图 2.9　内六角花形螺丝刀

2.2.3　手钳类工具

手钳类工具专用于夹持、切断、扭曲金属丝或细小零件,其规格均以钳名＋钳长表示,如扁嘴钳 140,表示全长为 140 mm 的扁嘴钳。

（1）尖嘴钳和扁嘴钳

尖嘴钳用于在狭小工作空间夹持小零件或扭曲细金属丝,带刃尖嘴钳还可以切断金属丝,主要用于仪表、电信器材、电器的安装及拆卸,如图 2.10 所示。扁嘴钳可分为长嘴和短嘴两种,主要用于弯曲细金属丝和金属薄片,拔装弹簧、销子等小零件,如图 2.11 所示。

图 2.10　尖嘴钳

图 2.11　扁嘴钳

（2）弯嘴钳和钢丝钳

弯嘴钳主要用于在狭窄或凹陷的工作空间中夹持零件,如图 2.12 所示。钢丝钳俗称老虎钳,它可以夹持或弯折金属薄片,也可把坚硬的细钢丝夹断,如图 2.13 所示。

图 2.12　弯嘴钳

图 2.13　钢丝钳

（3）卡簧钳

卡簧钳专门用于装拆弹性挡圈，因此也称挡圈钳，分轴用和孔用两种。为适应安装在各种位置的挡圈，卡簧钳又分为直嘴式和弯嘴式两种结构，弯嘴式卡簧钳如图 2.14 所示。

图 2.14　弯嘴式卡簧钳

2.2.4　拉拔器

拉拔器用于拆卸轴或轴上的轮盘、轴承等零件，分为三爪和两爪两种，如图 2.15 所示。三爪拉拔器的规格用拉拔零件的最大直径表示，如 150、320 等；两爪拉拔器的规格用爪臂长表示，如 160、380 等。

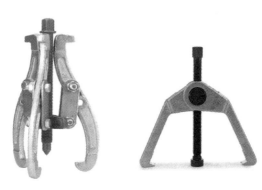

图 2.15　拉拔器

2.2.5　其他拆卸工具

此外，常用的拆卸工具还有铜冲、铜棒和钳工锤。铜冲和铜棒专用于拆卸孔内的零件，如销钉、套筒等；钳工锤包括木槌、橡胶锤、铁锤等，可用于锤击零件。

2.3　拆卸前的准备工作

在拆卸零部件之前，需要进行一些必要的准备工作，包括零部件的预处理、拆卸工具的准备、零部件编号登记以及准备拆卸记录表等，以保证后续测绘工作的顺利进行。

（1）对零件进行编号

测绘模型由很多零件组成，为了避免混淆，需要对零件进行编号。可先绘制装配体的装配示意图，按照装配示意图对零件进行编号，拆卸时可对每个零件按照编号的顺序分组摆好。

（2）准备拆卸记录表

拆卸零部件之前，应准备好拆卸记录表，详细记录拆卸过程和遇到的问题。表 2.1 为拆卸记录表的参考格式。

表 2.1　零部件拆卸记录表

装配体名称：　　　　　操作人：　　　　　记录人：　　　　　时间：　　年　　月　　日

拆卸步骤	拆卸内容	遇到的问题及注意事项	备注
1	拆卸螺母 4	已锈蚀,使用钳工锤敲击后拆下	
2	拆卸开口销 5	销钉老化,应重配	
3	拆卸心轴 6	磨损较大,已失效,应重配	
…	…	…	

对于较复杂的部件,可以采用拍照、录像等方式记录零部件结构形状和连接关系,以方便后期的零部件装配还原。

（3）拆卸工具的准备

拆卸零部件之前,各种拆卸工具应准备到位。需要根据被拆卸零部件的结构特点来准备拆卸工具,所选用的工具必须与被拆卸的零件相适应,必要时应使用专用工具,不得使用不合适的工具替代。

拆卸工具的准备还应根据工具自身特点和用途来选择,如不可将扳手、量具、钳子等工具代替钳工锤使用,以免损坏工具。

（4）零部件的预处理

有些零部件在拆卸之前要进行预处理,如对于固定使用的机器设备,要先拆除地脚螺栓;预先拆下并保护好电气设备;对设备采取必要的防潮措施;放掉机器中的润滑油;对拆卸模型进行除灰、去垢处理等。

（5）制定零部件的存放预案

拆下的零部件必须按规则和次序放置,切忌乱扔乱放。在拆卸前应制定零部件存放预案,并准备好相应的存放工具。例如,准备线绳将同类较小的垫圈、环形零件串在一起,准备一些小的箱子或盘子用于放置较小的零件,准备木制或铁制格架来存放较大的零件。

此外,还需要提前制定零部件的保护方案。对于带有螺纹的零件,特别是一些工作时受热的螺纹零件,应涂抹润滑油(脂)加以保护;对于电缆、绝缘垫、防漏垫等,要防止与润滑油等接触,以免沾污失效;滚珠、键、销等小零件要单独存放,以防丢失;润滑装置或冷却装置,要先行清洗,然后将其管口封好,以免侵入杂物;对于制造困难和价格较贵、精度较高的零件,应选择较软的材料做支承,尤其要保护好重要表面;对于螺栓、螺钉、螺母、垫圈等螺纹紧固件,应将其串在一起或装回原处。

2.4　常见零部件的拆卸方法

2.4.1　螺纹连接件的拆卸

螺纹连接件通常选用扳手和螺丝刀进行拆卸。螺丝刀的选择主要根据被拆卸螺钉的特点而定,扳手的选择则应视具体情况而定。一般地,在多种扳手均适用的场合,应按梅花扳手或套筒扳手→开口扳手→活扳手的顺序来选择扳手。拆卸螺纹连接件时,应注意其旋转方向,均匀施力。不清楚旋转方向时,可先试拆,待螺纹连接件松动,明确其旋转方向后,再逐步旋出。

不要使用蛮力,以免损伤零件。

(1)双头螺柱的拆卸

双头螺柱一般采用并紧双螺母法拆卸。并紧双螺母法是把两个与双头螺柱相匹配规格的螺母拧在双头螺柱的中部,并将两个螺母相对拧紧,再用扳手旋转靠近螺孔的螺母将双头螺柱拧出的方法,如图 2.16 所示。需要注意的是,切忌用夹紧工具等直接卡住螺柱,以免造成螺牙损伤。

(2)锈蚀螺母和螺钉的拆卸

如果零部件长时间不拆卸,则其中的螺母与螺钉容易锈蚀。此时需根据锈蚀的程度采用相应的方法来拆卸。对于轻微锈蚀的情况,可先用钳工锤敲击螺母或螺钉,使其松动,然后用扳手交替拧紧和拧松,反复几次后即可将其拆卸下来。若锈蚀较严重,可将锈蚀部位用煤油浸泡 20~30 min,辅以适当的敲击振动,使锈层松散,再行拆卸。严重锈蚀的部位,可用火焰对其加热,利用热膨胀和冷收缩使其松动,或将松动剂喷涂在待拆螺纹连接件上,经过 20 min 左右,可将其拆卸下来。

如果采用上述方法还无法拆卸锈蚀的螺母,也可使用破坏性方法进行拆卸。先在螺母的一侧钻一个小孔(注意不可钻伤螺杆),如图 2.17 所示,然后采用锯或錾的方法将螺母拆除。

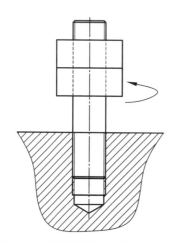

图 2.16　并紧双螺母法拆卸双头螺柱

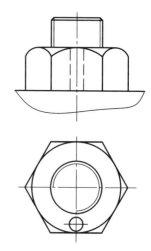

图 2.17　锈蚀螺母的破坏性拆卸

(3)折断螺钉的拆卸

如遇螺钉折断,可先在断螺钉上钻孔,然后用丝锥攻出相反方向的螺纹,再拧进一个螺钉,即可将断螺钉取出。也可以在断螺钉上焊接一个螺母,再用扳手将其拆卸。

(4)多螺栓紧固件的拆卸

采用多螺栓紧固的大部分是盘盖类零件,其材料较软,厚度较小,易变形。拆卸这类零件时,螺栓或螺母必须按一定的顺序拆卸,以使被紧固件的内应力均匀变化,防止因变形过大而失去精度。具体方法为:按对角交叉的顺序,分别将每个螺母一次只拧出 1~2 圈,分几次将全部螺母旋出。

2.4.2　键的拆卸

平键和半圆键可直接用手钳拆卸,或使用锤子和錾子从键的两端或侧面进行敲击将其拆卸,如图 2.18 所示。

拆卸钩头楔键时,可将起键器套在楔键头部,用螺钉将其与楔键固定压紧,再用撞块冲击螺杆凸缘部分,或用钳工锤敲打撞块,即可将其从槽内拉出,如图 2.19 所示。

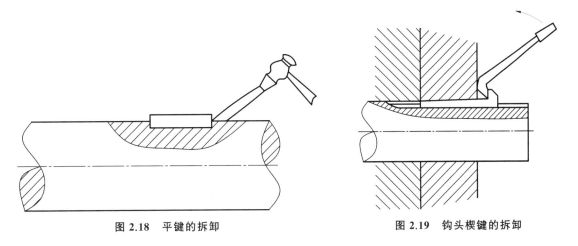

图 2.18　平键的拆卸　　　　　　　　　图 2.19　钩头楔键的拆卸

2.4.3　销的拆卸

(1) 通孔中销的拆卸

如果销安装在通孔中,拆卸时可在模型下放置带孔的垫块,或将模型放置在 V 形支承槽上,用钳工锤或略小于销直径的铜棒敲击销的一端,即可将其拆卸,如图 2.20 所示。对于定位销,在拆去被定位的零件后,销通常会留在主要零件上,此时可用销钳或尖嘴钳将其拔出。

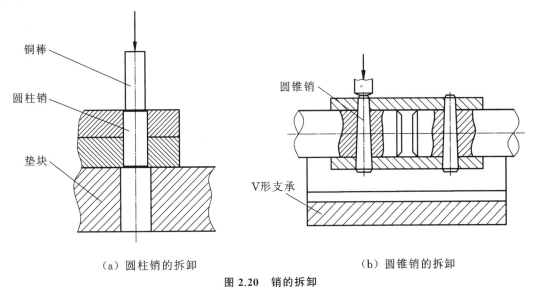

（a）圆柱销的拆卸　　　　　　　　　　（b）圆锥销的拆卸

图 2.20　销的拆卸

(2) 内螺纹销的拆卸

拆卸内螺纹销时,可使用特制的拔销器将销拔出。如无特制工具,可先在销的内螺纹孔中装上六角头螺栓或带有凸边的螺杆,再用木槌或铜冲冲击将其拆下。

(3) 盲孔中销和螺尾销的拆卸

对于盲孔中无内螺纹的销,可先在销的头部钻孔,用丝锥攻出内螺纹,再用拆卸内螺纹销的办法将其拆下。

拆卸螺尾销时,先在螺尾拧上一个螺母,随着螺母被拧紧,即可将销拆卸下来。

2.4.4 盘盖类零件的拆卸

盘盖类零件一般是由键或定位销定位的,可按照键和定位销的拆卸方法,先拆卸键和定位销,再拆卸所有的连接螺母或螺钉。如果盘盖因长期不拆卸而粘连在机体上难以拆卸,可先用木槌沿盘盖四周反复敲击,使其与机体分离,然后进行拆卸。盘盖与机体之间的垫圈,如无损伤可继续使用,如有损伤则需更换新垫圈。

2.4.5 轴系及轴上零件的拆卸

轴系的拆卸方法要视轴承与轴、机体的配合情况而定。拆卸前,应认真了解轴和轴承的安装顺序,按照与安装相反的顺序进行拆卸。拆卸时,可用压力机压出或用钳工锤和铜棒配合敲击轴端拆卸。敲击时切忌用力过猛,以防损坏零件。如果轴承与机体配合较松,则可将轴系连同轴承一同拆卸;反之,则应先将轴系与轴承分离,然后从机体中拆卸轴承。

(1)滚动轴承的拆卸

拆卸滚动轴承时,需要采取一定的保护措施,使其保持完好。当过盈量不大时,可用钳工锤配合套筒轻敲轴承内外圈,然后慢慢拆出。如果过盈量较大,则不可用钳工锤敲击,应采用专用工具拆卸。

拆卸轴上的滚动轴承时,通常使用拉拔器。通过拉拔器手柄转动螺杆,使螺杆下部顶紧轴端,慢慢扳转手柄,旋入顶杆,即可将滚动轴承从轴上拉出。为了减小顶杆端部和轴端部的摩擦,可在顶杆端部与轴端部中心孔之间放一个合适的钢球。从轴上拆卸直径较大的滚动轴承时,可将轴系放在专用装置上,使用压力机对轴端施加压力将其拆卸。拆卸孔内轴承的常用方法有拉拔法和内涨法,其工具结构如图 2.21 所示。

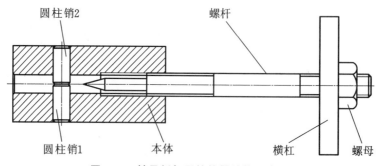

图 2.21 轴承拆卸用拉拔器结构示意图

(2)其他轴系零件的拆卸

除了滚动轴承之外,轴系零件还包括轴套、密封圈、联轴器等,其拆卸方法与滚动轴承相似。当这些零件与轴配合较松时,一般用钳工锤和铜棒即可拆卸,配合较紧时需使用拉拔器或压力机拆卸。轴上或机体内的挡圈需借助专用挡圈钳拆卸。

第 3 章　制图测绘方法和步骤

3.1　常用测绘工具

3.1.1　常用测绘工具简介

零件尺寸的测量是制图测绘的重要内容。采用正确的测量方法可以减小测量误差,提高测绘的效率,保证尺寸的精准度。测量方法与测绘工具有关,因此需要掌握常用制图测绘工具的使用方法。

常用的测绘工具包括钢直尺、卡钳、游标卡尺、外径千分尺、游标万能角度尺、螺距规和半径样板等。各种工具的图示及说明见表 3.1。

表 3.1　常用测绘工具简介

名称	图示	简介
钢直尺		钢直尺由不锈钢板制成,最小刻度 1 mm,主要用于精度要求不高的线性尺寸测量
卡钳	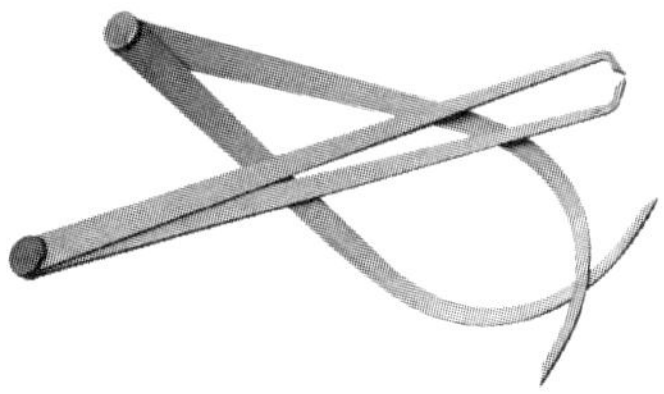	卡钳本身无刻度,需要和有刻度的测量工具配合使用。卡钳分为外卡钳(测量外径)和内卡钳(测量内径)两种,测量误差较大,用于测量精度一般的直径尺寸
游标卡尺	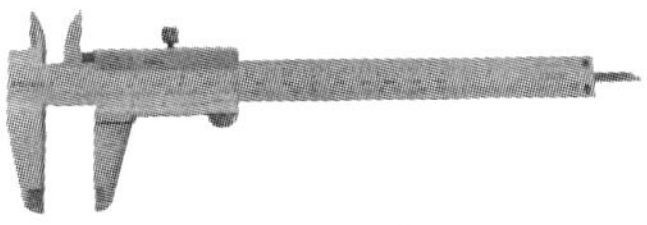	游标卡尺的测量精度可达 0.02 mm,可用于测量长度尺寸、直径尺寸、孔和槽的深度尺寸以及台阶高度尺寸等
外径千分尺	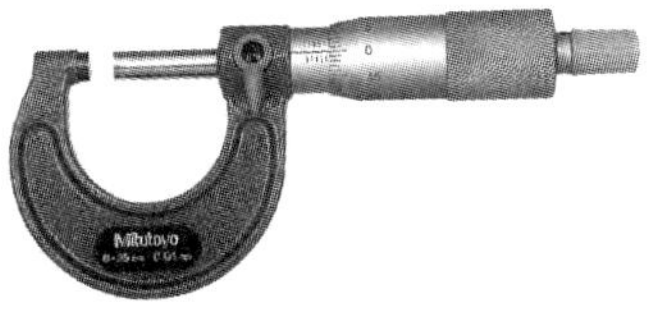	外径千分尺简称千分尺,其测量精度高于游标卡尺,常用于测量精度较高的长度和外径尺寸

续表

名称	图示	简介
游标万能角度尺		游标万能角度尺又称为角度规,是利用游标读数原理来直接测量工件角度或进行画线的一种角度量具,适用于机械加工中的内、外角度测量,可测 0°～320°外角以及 40°～130°内角
螺距规		螺距规主要用于低精度螺纹工件的螺距和牙型角的检验。测量时,螺距规的测量面与工件的螺纹必须完全紧密接触,此时,螺距规上所表示的数字即为螺纹的螺距
半径样板		半径样板是带有一组准确内、外圆弧半径尺寸的薄板,是用于检验圆弧半径的测量器具。测量时,半径样板片应与被测表面完全密合,所用样板上的数字即为被测表面的圆角半径

3.1.2　游标卡尺

游标卡尺是常用的测量工具,可以较精确地测量物体的长度、宽度和厚度等尺寸,其结构如图 3.1 所示。

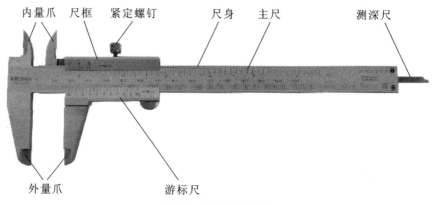

内量爪　尺框　紧定螺钉　　　尺身　主尺　　　　测深尺

外量爪　　　　　　游标尺

图 3.1　游标卡尺结构

（1）游标卡尺使用注意事项

① 使用前，应先擦净两量爪测量面，用透光法检查内、外量爪测量面是否贴合，同时检查主尺和游标尺的零线是否对齐。如未对齐，应根据原始误差修正测量读数。

② 测量外尺寸时，应使量爪张开的尺寸比测量尺寸稍大；测量内尺寸时，应使量爪张开的尺寸比测量尺寸稍小，然后轻推内量爪，使其轻轻接触测量表面。测量内径时，不可使劲转动卡尺，而要轻轻摆动，找出最大值。

③ 游标卡尺只能用于测量静止状态下的零件。

④ 游标卡尺不可和锤子、锉刀、车刀等刃具堆放在一起，避免被划伤，损坏其精度。

⑤ 放置游标卡尺时，应注意将尺面朝上平放；使用完毕后，应将卡尺擦干净，放入专用盒内。

（2）游标卡尺读数方法

游标卡尺一般分为 10 分度、20 分度和 50 分度 3 种，10 分度的游标卡尺可以精确到 0.1 mm，20 分度的游标卡尺可精确到 0.05 mm，而 50 分度的游标卡尺则可精确到 0.02 mm。

游标卡尺的读数步骤如下：

① 根据游标尺总刻度确定精确度（10 分度、20 分度或 50 分度的精确度）；

② 读出游标尺零刻度线左侧的主尺整毫米数；

③ 找出游标尺刻度线与主尺刻度线"正对"的位置，并在游标尺上读出对齐线到零刻度线的小格数 n（不要估读）；

④ 按读数公式算出测量值，读数公式为测量值＝主尺读数＋游标尺读数（$n×$精确度）。

以 50 分度游标卡尺为例，如图 3.2 所示，图中游标尺零刻度线左侧的主尺整毫米数为 22，游标尺上对齐线到零刻度线的小格数 n 为 3，因此测量值＝22 mm＋3×0.02 mm＝22.06 mm。

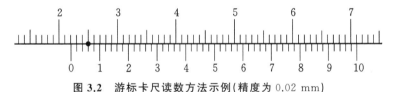

图 3.2　游标卡尺读数方法示例（精度为 0.02 mm）

3.1.3　外径千分尺

外径千分尺，也叫螺旋测微器，常简称为"千分尺"。外径千分尺是比游标卡尺更精密的长度测量仪器，精度有 0.01 mm、0.02 mm、0.05 mm 几种，加上估读的 1 位，可读取到小数点后第三位。外径千分尺常用的规格有 0～25 mm、25～50 mm、50～75 mm、75～100 mm、100～125 mm 等。外径千分尺的结构如图 3.3 所示。

以精度为 0.01 mm 的外径千分尺为例，其读数步骤如下。

① 校对零位。

② 读出微分筒边缘在固定套管上露出标尺标记的整毫米和半毫米数。

③ 找出活动微分筒上与固定套管上的基准线对齐或即将对齐的标尺标记，读出标记数值，将此读数值与标记分度值 0.01 mm 相乘，所得结果与步骤②所读数值相加，即得到最后读取数值整数部分和小数点后第一、二位的数值部分。

④ 如果活动微分筒上的标记与固定套管上的基准线正好对齐，此时最后读取数值小数点

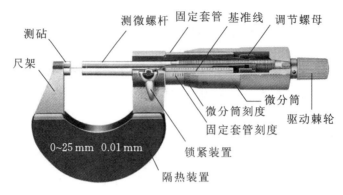

图 3.3　外径千分尺结构

后第三位的数值为零;若活动微分筒上的标记与固定套管上的基准线不对齐,此时应对最后读取数值小数点后第三位的数值在 0.001~0.009 进行估值,估值与步骤③得到的数值再相加即得到最后读取数值。

如图 3.4 所示,该外径千分尺的测量值为 8.5 mm+22×0.01 mm+0.003 mm=8.723 mm。

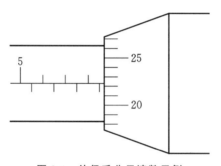

图 3.4　外径千分尺读数示例

3.1.4　游标万能角度尺

游标万能角度尺又称为角度规、万能量角器,是利用游标读数原理来直接测量工件角度或进行画线的一种角度量具。游标万能角度尺适用于机械加工中的内、外角度测量,可测 0°~320°外角以及 40°~130°内角。

游标万能角度尺的读数机构是根据游标读数原理制成的。主尺刻线每格为 1°。游标的刻线是取主尺的 29°等分为 30 格,因此游标刻线角格为 29°/30,即主尺与游标一格的差值为 2′,也就是说游标万能角度尺读数精度为 2′。除此之外,还有 5′和 10′两种精度。

游标万能角度尺的结构如图 3.5 所示,其基尺固定在尺座上,角尺用卡块固定在扇形板上,可移动的直尺用卡块固定在角尺上。若把角尺拆下,也可把直尺固定在扇形板上。由于角尺和直尺可以移动和拆换,使游标万能角度尺可以测量 0°~320°的任何角度。游标万能角度尺的读数方法与游标卡尺相同,先读出游标零刻度线前的角度,再从游标上读出角度"分"的数值,两者相加就是被测零件的角度数值。游标万能角度尺的尺座上,基本角度的刻线只有 0°~90°,如果测量的零件角度大于 90°,则在读数时,应加上一个基数(90°、180°、270°)。当零件角度为 90°~180°时,被测角度=90°+游标尺读数;零件角度为 180°~270°时,被测角度=180°+游标尺读数;零件角度为 270°~320°时,被测角度=270°+游标尺读数。

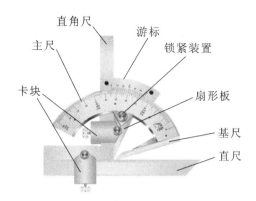

图 3.5　游标万能角度尺结构

使用游标万能角度尺测量零件角度时,应使基尺与零件角度的母线方向一致,且零件应与量角尺的两个测量面在全长上接触良好,以免产生测量误差。

3.2　常见结构的测绘方法

3.2.1　线性尺寸测量

如图 3.6 所示,线性尺寸可直接用钢直尺测量,也可用钢直尺与三角板配合测量;对于精度要求高的线性尺寸,可以用游标卡尺测量。

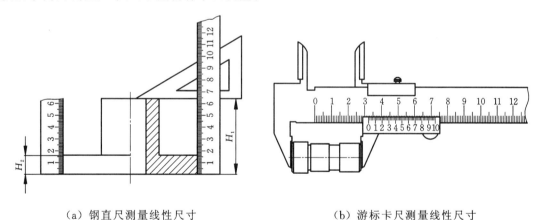

（a）钢直尺测量线性尺寸　　　　　　　　　　（b）游标卡尺测量线性尺寸

图 3.6　线性尺寸测量

3.2.2　直径尺寸测量

直径尺寸通常用游标卡尺测量,如图 3.7 所示;也可用内、外卡钳测量,如图 3.8 所示。使用卡钳测量外径时,应利用卡钳的自重使其从零件上方下滑,滑过零件外圆。测量内径时,将一个钳脚置于孔口处固定,另一个钳脚置于孔的上边,并沿孔壁圆周方向摆动,直至调整到合适程度。调整尺寸时,可敲击卡钳内、外侧,在调整卡钳开口时,切忌敲击卡钳的测量面,以免造成零件损伤,影响测量精度。

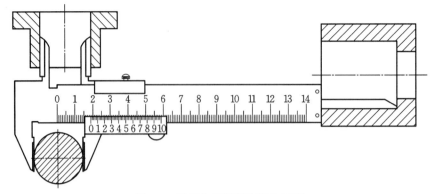

图 3.7　游标卡尺测量直径和深度

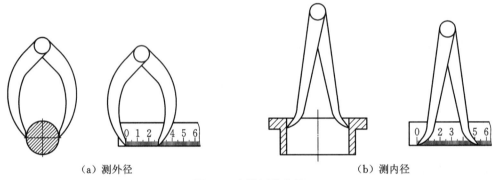

（a）测外径　　　　　　　　　　　　　　　（b）测内径

图 3.8　卡钳测量直径

3.2.3　中心高测量

中心高可用钢直尺直接测量,也可用钢直尺和卡钳配合测量,如图 3.9 所示,中心高 $A = B+D/2$。精度要求较高的中心高可用高度游标卡尺测量。

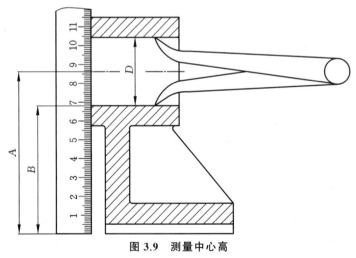

图 3.9　测量中心高

3.2.4　中心距测量

精度较低的中心距可利用钢直尺和卡钳配合测量,如图 3.10 所示,中心距 $A=B+D$;精度较高的可用游标卡尺测量,如图 3.11 所示,中心距 A＝游标卡尺读数－D。

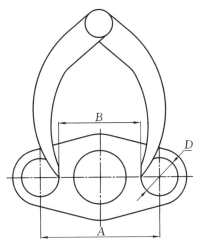

图 3.10 卡钳测量中心距

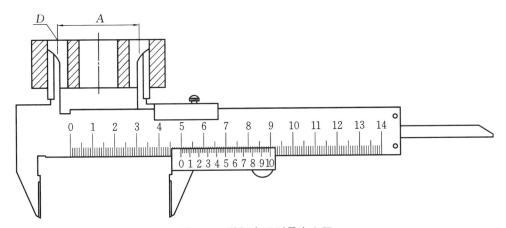

图 3.11 游标卡尺测量中心距

3.2.5 零件壁厚测量

零件的壁厚可用钢直尺测量,或者用卡钳和钢直尺配合测量,也可用游标卡尺测量。如图 3.12 所示,先测量出尺寸 A 和尺寸 B,则零件壁厚 $C＝A－B$。

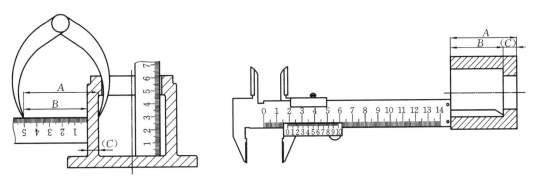

图 3.12 测量零件壁厚

3.2.6　螺纹尺寸测量

螺纹大径可用游标卡尺或钢直尺与外卡钳配合测量。螺距可用螺距规测量,没有螺距规时,可用压痕法多测几个螺距,然后参照国家标准取标准值,如图 3.13 所示。

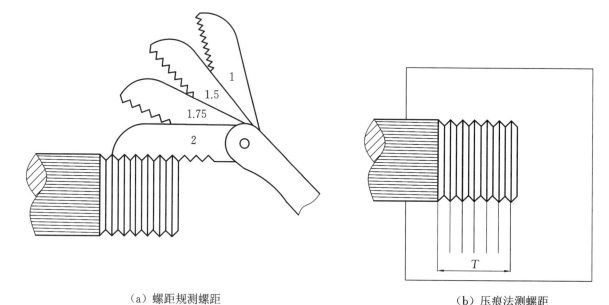

（a）螺距规测螺距　　　　　　　　　　　　　（b）压痕法测螺距

图 3.13　螺纹尺寸测量

3.2.7　曲面的测量

常用的曲面测量方法有拓印法和铅丝法。

（1）拓印法

对于精度要求不高的凸缘,可采用拓印法测量。先将凸缘清洗干净,在其表面涂上一层薄薄的红丹粉,将凸缘的形状拓印到白纸上(也可以用硬纸板和铅笔进行描印),如图 3.14 所示。然后在白纸上判定曲线的圆弧连接情况,定出切点,找到各段圆弧的圆心,最后标注凸缘的几何尺寸。圆弧圆心可用弦的中垂线相交法找出,如图 3.15 所示。

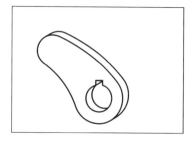
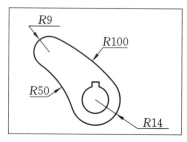
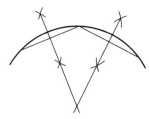

图 3.14　拓印法测量曲面　　　　　　　　　图 3.15　圆弧圆心作图方法

（2）铅丝法

对于轮廓精度要求不高的零件,可先用软铅丝贴合其轮廓外形,再将铅丝轻轻取出平放在白纸上,用铅笔沿铅丝描绘出轮廓形状并测量尺寸。

3.3　尺寸的圆整方法

在制图测绘时,所测实物的尺寸往往不是整数,因此需要对所测的尺寸进行处理,即圆整。尺寸圆整是指从实测数据出发,推断、分析得出原设计尺寸的公称尺寸以及公差的整个过程。最常用的尺寸圆整方法是设计圆整法,即以零件的实际测得尺寸为依据,参照同类或类似产品的配合性质及配合类别,确定公称尺寸和极限尺寸。设计圆整法又包括常规设计的尺寸圆整和非常规设计的尺寸圆整。

3.3.1　常规设计的尺寸圆整

常规设计即标准化的设计,以方便设计制造和获得良好经济性为主。常规设计尺寸有互换性或系列化要求,例如安装、连接尺寸,有公差要求的配合尺寸,决定产品系列的公称尺寸等。常规设计所有尺寸圆整时,一般都应使其符合国家标准《标准尺寸》(GB/T 2822—2005)推荐的尺寸系列,该标准规定了 0.1～20000 mm 范围内机械制造业中常用的标准尺寸(直径、长度、高度等)系列,部分内容参照表 3.2 和表 3.3。常规设计的尺寸圆整,是以实测值作为基本依据,将其圆整为整数,优先选用 R′10、R′20、R′40 的顺序进行圆整。

本标准不适用由主要尺寸导出的因变量尺寸、工艺上工序间的尺寸和已有相应标准规定的尺寸。当被测绘的模型属公制计量标准时,其公差与配合应符合我国现行标准《产品几何技术规范(GPS)线性尺寸公差 ISO 代号体系　第 1 部分:公差、偏差和配合的基础》(GB/T 1800.1—2020)和《产品几何技术规范(GPS)线性尺寸公差 ISO 代号体系　第 2 部分:标准公差带代号和孔、轴的极限偏差表》(GB/T 1800.2—2020)。

表 3.2　1.0～10.0 标准尺寸系列(GB/T 2822 —2005)　　　　　　　　(单位:mm)

R		R′		R		R′	
R10	R20	R′10	R′20	R10	R20	R′10	R′20
1.00	1.00 1.12	**1.0**	**1.0** **1.1**	4.00	4.00 4.50	4.0	4.0 4.5
1.25	1.25 1.40	1.2	1.2 1.4	5.00	5.00 5.60	5.0	5.0 **5.5**
1.60	1.60 1.80	1.6	1.6 1.8	6.30	6.30 7.10	6.0	**6.0** **7.0**
2.00	2.00 2.24	2.0	2.0 2.2	8.00	8.00 9.00	8.0	8.0 9.0
2.50	2.50 2.80	2.5	2.5 2.8	10.00	10.00	10.0	10.0
3.15	3.15 3.55	3.0	**3.0** **3.5**				

注:R′系列中的黑体字,为 R 系列相应各项优先数的化整值。

表 3.3　10～100 标准尺寸系列(GB/T 2822—2005)　　　　　　(单位:mm)

R			R'			R			R'		
R10	R20	R40	R'10	R'20	R'40	R10	R20	R40	R'10	R'20	R'40
10.0	10.0		10	10			35.5	35.5		36	36
	11.2			11				37.5			38
12.5	12.5	12.5	12	12	12	40.0	40.0	40.0	40	40	40
		13.2			13			42.5			42
	14.0	14.0		14	14		45.0	45.0		45	45
		15.0			15			47.5			48
16.0	16.0	16.0	16	16	16	50.0	50.0	50.0	50	50	50
		17.0			17			53.0			53
	18.0	18.0		18	18		56.0	56.0		56	56
		19			19			60.0			60
20.0	20.0	20.0	20	20	20	63.0	63.0	63.0	63	63	63
		20.2			21			67.0			67
	22.4	22.4		22	22		71.0	71.0		71	71
		23.6			24			75.0			75
25.0	25.0	25.0	25	25	25	80.0	80.0	80.0	80	80	80
		26.5			26			85.0			85
	28.0	28.0		28	28		90.0	90.0		90	90
		30.0			30			95.0			95
31.5	31.5	31.5	32	32	32	100.0	100.0	100.0	100	100	100
		33.5			34						

注:1. 选择标准尺寸系列及单个尺寸时,首先应在优先数系 R 系列中选择,并按 R10、R20、R40 的顺序,优先选用比较大的基本系数及其单值。

　　2. 如果必须将数值圆整,可在相应的 R' 系列中选用标准尺寸,其优先顺序为 R'10、R'20、R'40。

3.3.2　非常规设计的尺寸圆整

非常规设计尺寸是指公称尺寸和尺寸公差不一定是标准化的尺寸,非常规设计尺寸圆整的一般原则如下。

① 性能尺寸、配合尺寸、定位尺寸在圆整时,允许保留到小数点后一位;个别重要尺寸允许保留到小数点后两位;其他尺寸保留整数。

② 将实测尺寸的小数圆整为整数或带一、两位的小数,尾数删除采用四舍六入五单双法,即在尾数删除时,逢四以下舍,逢六以上进,遇五则以保证偶数的原则决定进舍。例如,11.6 应圆整成 12,25.4 应圆整成 25,36.5 和 35.5 都应圆整成 36。

需要注意的是,尾数的删除应以删除的一组数来进行,而不得逐位地进行删除。例如圆整尺寸 24.457,当保留一位小数时,应直接一步到位圆整为 24.4,而不应逐位圆整 24.457→24.46→24.5。此外,尺寸圆整时,应尽可能使其符合国家标准推荐的尺寸系列值,尺寸尾数多为 0、2、5、8 及某些偶数值。

　　如果圆整的尺寸为轴向的功能尺寸,可把实测值当作公差中值,先把公称尺寸按表 3.2 和表 3.3 中的尺寸系列圆整为整数,并保证所给公差等级在 IT9 以内。当该尺寸为孔类尺寸时取单向正公差;为轴类尺寸时取单向负公差;为长度尺寸时采用双向公差。公称尺寸至 3150 mm 的标准公差数值见表 3.4。

表 3.4　公称尺寸至 3150 mm 的标准公差数值

公称尺寸/ mm		标准公差等级																	
大于	至	IT1	IT2	IT3	IT4	IT5	IT6	I17	IT8	IT9	IT10	IT11	IT12	IT13	IT14	IT15	IT16	IT17	IT18
		μm										mm							
—	3	0.8	1.2	2	3	4	6	10	14	25	40	60	0.1	0.14	0.25	0.4	0.6	1	1.4
3	6	1	1.5	2.5	4	5	8	12	18	30	48	75	0.12	0.18	0.3	0.48	0.75	1.2	1.8
6	10	1	1.5	2.5	4	6	9	15	22	36	58	90	0.15	0.22	0.36	0.58	0.9	1.5	2.2
10	18	1.2	2	3	5	8	11	18	27	43	70	110	0.18	0.27	0.43	0.7	1.1	1.8	2.7
18	30	1.5	2.5	4	6	9	13	21	33	52	84	130	0.21	0.33	0.52	0.84	1.3	2.1	3.3
30	50	1.5	2.5	4	7	11	16	25	39	62	100	160	0.25	0.39	0.62	1	1.6	2.5	3.9
50	80	2	3	5	8	13	19	30	46	74	120	190	0.3	0.46	0.74	1.2	1.9	3	4.6
80	120	2.5	4	6	10	15	22	35	54	87	140	220	0.35	0.54	0.87	1.4	2.2	3.5	5.4
120	180	3.5	5	8	12	18	25	40	63	100	160	250	0.4	0.63	1	1.6	2.5	4	6.3
180	250	4.5	7	10	14	20	29	46	72	115	185	290	0.46	0.72	1.15	1.85	2.9	4.6	7.2
250	315	6	8	12	16	23	32	52	81	130	210	320	0.52	0.81	1.3	2.1	3.2	5.2	8.1
315	400	7	9	13	18	25	36	57	89	140	230	360	0.57	0.89	1.4	2.3	3.6	5.7	8.9
400	500	8	10	15	20	27	40	63	97	155	250	400	0.63	0.97	1.55	2.5	4	6.3	9.7
500	630	9	11	16	22	32	44	70	110	175	280	440	0.7	1.1	1.75	2.8	4.4	7	11
630	800	10	13	18	25	36	50	80	125	200	320	500	0.8	1.25	2	3.2	5	8	12.5
800	1000	11	15	21	28	40	56	90	140	230	360	560	0.9	1.4	2.3	3.6	5.6	9	14
1000	1250	13	18	24	33	47	66	105	165	260	420	660	1.05	1.65	2.6	4.2	6.6	10.5	16.5
1250	1600	15	21	29	39	55	78	125	195	310	500	780	1.25	1.95	3.1	5	7.8	12.5	19.5
1600	2000	18	25	35	46	65	92	150	230	370	600	920	1.5	2.3	3.7	6	9.2	15	23
2000	2500	22	30	41	55	78	110	175	280	440	700	1100	1.75	2.8	4.4	7	11	17.5	28
2500	3150	26	36	50	68	96	135	210	330	540	860	1350	2.1	3.3	5.4	8.6	13.5	21	33

　　例如实测值为 39.99 mm 的轴向长度尺寸,可先查表 3.3 圆整公称尺寸为 40 mm,然后查表 3.4,公称尺寸 30～50 mm,公差等级为 IT9 的公差值为 0.062 mm,取公差值为 0.060 mm,将实测值 39.99 当作公差中值,采用双向公差,最终圆整方案为(40±0.03) mm。

　　如果圆整的尺寸为非功能尺寸,即一般公差尺寸,其公差等级一般规定为 IT12～IT18。此时应先合理确定公称尺寸,保证尺寸的实测值在圆整后的尺寸公差范围之内,并且圆整后的公称尺寸符合国家标准所规定的优先数、优先数系和标准尺寸,除个别外,一般不保留小数。对于另有其他标准规定的零件直径,如球体、滚子轴承、螺纹等,以及其他长度小的尺寸或小尺寸,在圆整时应参照有关标准。例如:10.02 圆整为 10;85.11 圆整为 85;229.97 圆整为 230。

3.4　零件草图的绘制方法

3.4.1　零件草图的特点与绘制要求

　　草图就是徒手绘制的图,是不借助尺规等绘图工具,以目测来估计图形与实物比例,按一定的画法要求徒手绘制的图样。零件草图除对线型和尺寸比例不作严格要求外,其他要求与零件工作图的要求完全一致。在内容上,零件草图也是由一组视图、完整的尺寸标注、技术要求、标题栏四个部分组成。在零部件测绘过程中,绘制零件草图的基本要求是:图形正确、表达清晰、尺寸完整、图面整洁、字体工整、技术要求符合规范。

　　零件草图只要求图上尺寸与被测零件的实际尺寸大体上保持某一比例即可。在同一张图样中,图形各部分之间的比例关系尽管不作严格要求,但应大体符合实物各部分之间的比例。零件草图一般不严格区别线宽,但线型仍要按国家标准要求来选择。例如,用实线表示可见轮廓,用虚线表示不可见轮廓,用点画线表示对称中心线等。

3.4.2　零件草图的绘制步骤

　　零件草图的绘制步骤与尺规绘图大体相同,也包括分析零件结构、选择表达方案、画零件图、测量和标注尺寸、填写技术要求和标题栏等。

　　(1) 分析测绘对象

　　首先应了解零件的名称、材料以及它在机器中的位置、作用和与相邻零件的关系,然后对零件的内外结构进行分析。

　　以阀盖为例说明,如图 3.16 所示。该零件属于盘盖类零件,主要在车床上加工,左端有外螺纹连接管道,右端有方形凸缘,钻有 4 个圆柱孔,以便与阀体连接时安装四个螺柱。此外,阀盖上还有铸造圆角、倒角等工艺结构。

图 3.16　阀盖模型图

　　(2) 确定表达方案

　　视图表达方案的选取一般根据显示零件形状特征的原则,按零件的加工位置或工作位置确定主视图,按零件的内外结构特点选用必要的其他基本视图和剖视图、剖面图、局部放大图等。

　　以图 3.16 中的阀盖为例,选择轴线水平放置、端面平行侧立投影面的投影方向,主视图采用全剖视图,左视图选择外形视图。

（3）绘制零件草图

　　绘制零件草图前要充分分析零件结构形状，做到心中有数。不能先测量再绘图，而应先绘制全部图形，再统一进行测量。下面以图 3.16 中阀盖为例，简单介绍零件草图的绘制过程。

　　① 布图，画出主、左视图的对称中心线和作图基准线。布图时，各视图间应预留出标注尺寸的空间，如图 3.17 所示。

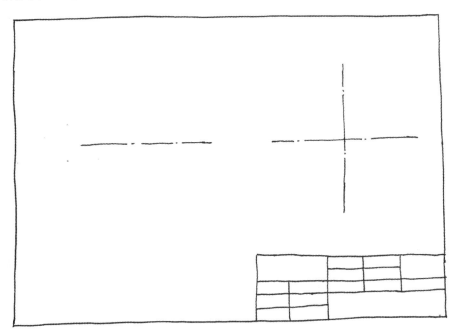

图 3.17　布图

　　② 以目测比例绘制零件的结构形状。一般应先画主体结构，再画次要结构，如图 3.18 所示。

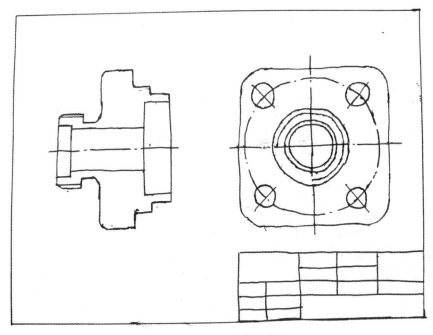

图 3.18　绘制零件轮廓草图

③ 选定尺寸基准,按正确、完整、清晰、合理的原则,画出全部尺寸界线、尺寸线和箭头,经仔细校核后,按规定线型将图线加深,如图 3.19 所示。

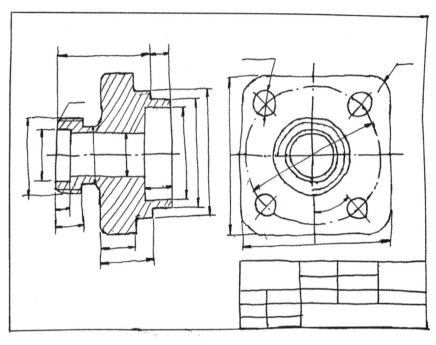

图 3.19　画尺寸线和尺寸界线

④ 加粗可见轮廓线,依次测量并注写零件尺寸数字,填写技术要求和标题栏,如图 3.20 所示。

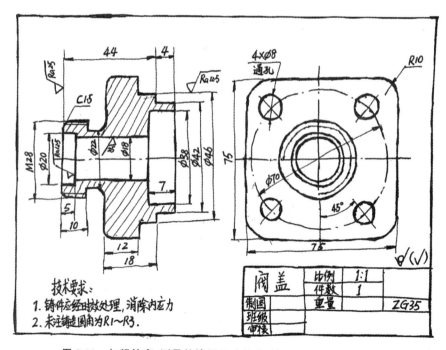

图 3.20　加粗轮廓、测量并填写尺寸数字、填写标题栏和技术要求

3.5　制图测绘的步骤

制图测绘是对现有测绘模型进行实物拆卸与结构分析,选择恰当的表达方案,徒手绘制零件草图和装配草图,利用测绘工具对非标准件进行实物测量,再根据零部件之间的装配关系对测量的尺寸进行圆整,然后确定零件的材料和技术要求,最后绘制零件图和装配图的过程。制图测绘主要分为以下 7 个步骤。

① 认真分析测绘模型的结构特点和组成,分析装配体的工作原理,分析零件之间的连接和装配关系。

② 根据测绘模型的结构特点,准备好测绘工具和拆卸工具。

③ 绘制装配示意图。装配示意图一般用简单的图线,运用机械制图国家标准中规定的机构及其组件的简单符号,并采用简化画法和习惯画法,画出零件的大致轮廓,对各零件进行编号,并附列一个零件明细表。

④ 拆卸测绘模型的零部件,并做好记录。零部件的拆卸方法参见第 2 章。

⑤ 绘制零件草图。零件草图的绘制方法参见 3.4 节。

⑥ 根据零件草图和装配示意图,绘制装配图。

装配图的绘制步骤如下:

a. 根据装配体的结构特点,确定表达方案,选择比例和图幅,画出标题栏和明细栏框格。

b. 合理布图,画出各视图的基准线、中心线、轴线、重要的端面、较大的平面或底面。此时应注意留出标注尺寸、零部件序号等空白位置。

c. 打底稿。把握先主后次的原则,先画模型中的主要零件,再画次要零件。

d. 检查校核。除了检查零件的主要结构外,还要特别注意视图上细节部分的投影是否有遗漏或错误。由于装配图图形复杂,线条较多,容易漏画部分投影,故应认真检查,发现错误及时修改。

e. 完成全图。检查校核无误后,加深图线,绘制剖面符号(注意同一零件的剖面线要一致,不同零件的剖面线要有区别),注写必要的尺寸、公差配合和技术要求,标注零部件的序号,填写标题栏及明细栏。

⑦ 绘制零件工作图。根据装配图和相应零件草图,并结合零部件的其他资料,绘制零件工作图。零件表达方案可以照抄草图,但尺寸需以测量标注的数值为准。根据标注的尺寸,先选择合适的比例,再绘图。

第4章　零件测绘的技术要求

4.1　表面粗糙度的选用

4.1.1　表面粗糙度的定义

表面粗糙度是指零件表面具有的较小间距和微小峰谷的微观几何形状误差。表面粗糙度一般是由所采用的加工方法和其他因素所形成的,例如加工过程中刀具与零件表面间的摩擦、切削分离时表面层金属的塑性变形以及工艺系统中的高频振动等。由于加工方法和工件材料的不同,被加工表面留下痕迹的深浅、疏密、形状和纹理都有差别。

表面粗糙度对零件的使用情况有很大影响。一般来说,表面粗糙度数值小,可提高配合质量,减小磨损,延长零件的使用寿命,但其加工成本也会增加。因此,要正确、合理地选用表面粗糙度数值。

4.1.2　表面粗糙度的选择原则

在制图测绘工作中,表面粗糙度数值的选择,是根据零件在机器中的作用确定的。表面粗糙度选择的总原则是在保证满足技术要求的前提下,选用较大的表面粗糙度数值,具体可以参考下述原则。

① 工作表面比非工作表面的粗糙度数值小。

② 摩擦表面比不摩擦表面的粗糙度数值小,要求滚动摩擦表面比滑动摩擦表面的粗糙度数值小。

③ 对于间隙配合,配合间隙越小,粗糙度数值应越小;对于过盈配合,为保证连接的牢固、可靠,载荷越大,要求粗糙度数值越小。一般情况下,间隙配合比过盈配合的粗糙度数值要小。

④ 配合表面的粗糙度应与其尺寸精度要求相当。配合性质相同时,零件尺寸越小,粗糙度数值则越小;同一精度等级,轴比孔的粗糙度数值小(特别是 IT5～IT8 的精度时),小尺寸比大尺寸的粗糙度数值小。

⑤ 受周期性载荷的表面及可能会发生应力集中的内圆角凹稽处,其粗糙度数值应较小。

测绘模型的表面质量低于真实零件,其表面粗糙度数值可采用类比法确定,参照表 4.1 和表 4.2 中的内容。

表 4.1　不同表面结构的外观情况、加工方法与应用举例

Ra 值(不大于)/μm	表面外观情况	主要加工方法	应用举例
50	明显可见刀痕	粗车、粗铣、粗刨、钻、粗纹锉刀和粗砂轮加工	表面粗糙度值最大的加工面,一般很少应用
25	可见刀痕		
12.5	微见刀痕	粗车、刨、立铣、平铣、钻	不接触表面、不重要的接触面,如螺纹孔、倒角、机座底面等

续表

Ra 值(不大于)/μm	表面外观情况	主要加工方法	应用举例
6.3	可见加工痕迹	精车、精铣、精刨、铰、镗、精磨等	没有相对运动的零件接触面,如箱、盖、套筒等要求紧贴的表面,键和键槽工作表面;相对运动速度不高的接触面,如支架孔、衬套、带轮轴孔的工作面等
3.2	微见加工痕迹		
1.6	看不见加工痕迹		
0.8	可辨加工痕迹方向	精车、精铰、精拉、精镗、精磨等	要求密合很好的接触面,如滚动轴承配合的表面、锥销孔等;相对运动速度较高的接触面,如滑动轴承的配合表面、齿轮的工作表面等
0.4	微辨加工痕迹方向		
0.2	不可辨加工痕迹方向		
0.1	暗光泽面	研磨、抛光、超级精细研磨等	精密量具的表面,重要零件的摩擦面,如气缸的内表面、精密机床的主轴颈、坐标镗床的主轴颈等
0.05	亮光泽面		
0.025	镜状光泽面		
0.012	雾状镜面		
0.006	镜面		

表 4.2　典型零件的表面结构数值选择　　　　　　　　　（单位:μm）

表面特征	部位	表面粗糙度值 Ra			
滑动轴承的配合表面	表面	公差等级		液体摩擦	
		IT7~IT9	IT11~IT12		
	轴	0.2~3.2	1.6~3.2	0.1~0.4	
	孔	0.4~1.6	1.6~3.2	0.2~0.8	
非密封的轴颈表面	密封方式	轴颈表面的速度/(m/s)			
		≤3	≤5	>5	≤4
	橡胶	0.4~0.8	0.2~0.4	0.1~0.2	—
	毛毡	—	—	—	0.4~0.8
	迷宫式	1.6~3.2		—	
	油槽	1.6~3.2		—	
圆锥结合	表面	密封结合	定心结合	其他	
	外圆锥表面	0.1	0.4	1.6~3.2	
	内圆锥表面	0.2	0.8	1.6~3.2	
螺纹	类别	螺纹公差等级			
		IT4	IT5	IT6	
	粗牙普通螺纹	0.4~0.8	0.8	1.6~3.2	
	细牙普通螺纹	0.2~0.4	0.8	1.6~3.2	

表面特征	部位		表面粗糙度值 Ra		
	结合类型		键	轴槽	毂槽
键结合	工作表面	沿毂槽移动	0.2～0.4	1.6	0.4～0.8
		沿轴槽移动	0.2～0.4	0.4～0.8	1.6
		不动	1.6	1.6	1.6～3.2
	非工作表面		6.3	6.3	6.3

4.2　尺寸公差的选用

4.2.1　基准制配合的选用

实际生产中,选用基孔制还是基轴制配合,要综合考虑机器的结构、工艺要求和经济性等多种因素,一般情况下,优先选择基孔制配合。但若与标准件配合时,应按标准件确定基准制配合。例如,与滚动轴承内圈配合的轴应选择基孔制配合;与滚动轴承外圈配合的孔应选择基轴制配合。在装配图中,标准件及标准化部件的公差带代号可以省略。如图 4.1 所示,只标注与滚动轴承相配合零件的公差带符号。

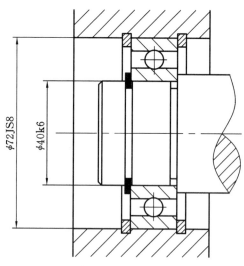

图 4.1　与滚动轴承配合尺寸标注

4.2.2　公差等级的选用

公差等级,不仅影响产品的性能,还影响加工成本。公差等级选用的原则是:在满足使用要求的前提下,尽可能采用较低的公差等级,做到既合用又经济。

当公差等级较高时,孔的加工难度比轴大,所以当公称尺寸小于或等于 500 mm 时,通常使孔的公差等级比轴的公差等级低一级。在一般机械中,重要的精密部位可选用 IT5、IT6,常用 IT6～IT8,次要部位选用 IT8 或 TT9。公差等级的具体选择可参考附录 3。

4.2.3　配合的选用

为尺寸选择正确的配合,不仅能保证机器高质量运转,延长其使用寿命,还能使机械制造经济、合理。选择配合时,可综合参考表 4.3～表 4.7 中的内容。

表 4.3　选择配合的影响因素

配合件的影响因素		配合件的选择
相对运动	有相对运动	间隙配合
	运动速度较大	较大的间隙配合
受力大小	受力较大	较小的间隙配合
		较大的过盈配合
定心精度	不高	可用基本偏差为 g 或 h 的间隙配合,不宜用过盈配合
	较高	过渡配合
拆装频率	频繁拆装	较大的间隙配合
		较小的过盈配合
工作温度	与装配时温差较大	考虑装配时的间隙在工作时的变化量
生产情况	单件、小批量生产	较大的间隙配合
		较小的过盈配合

表 4.4　各种基本偏差的配合特性及应用举例

配合	基本偏差	配合特性及应用举例
间隙配合	a(A)、b(B)	可获得非常大的间隙,但应用很少。主要用于工作时温度高、热变形大的零件配合,如发动机中活塞与缸套为 H9/a9
	c(C)	可得到很大的间隙,一般用于工作条件较差(如农业机械)、工作时受力变形大及装配工艺性不好的零件的配合。如为了便于装配而必须保证有较大间隙时,推荐配合为 H11/c11;其较高等级的配合 H8/c7 适用于轴在高温工作的紧密配合,如内燃机排气管和套管的配合
	d(D)	一般用于 IT7～IT11 精度下,适用于较松的间隙配合(如滑轮、空转的带轮与轴的配合),以及大尺寸滑动轴承(如涡轮机、球磨机等的滑动轴承)与轴颈的配合。活塞环与活塞槽的配合可用 H9/d9
	e(E)	多用于 IT6～IT9,具有明显间隙,通常用于易于转动的支承配合,如大跨距及多支点的转轴与轴承的配合,以及高速、重载的大尺寸轴和轴承的配合,如大型电动机及内燃机主要轴承处的配合为 H8/e7
	f(F)	多用于 IT6～IT8 下一般转动的间隙配合,受温度影响不大,广泛用于普通润滑油润滑支承情况,如齿轮箱、小电动机等转轴与滑动轴承的配合为 H7/f6
	g(G)	多与 IT5、IT6、IT7 对应,形成配合的间隙较小,用于轻载精密装置中的转动间隙配合,插销的定位配合,滑阀、连杆销等处的配合,钻套孔多用 G
	h(H)	多用于 IT4～IT11,广泛用于无相对转动的零件,作为一般的定位配合。若没有温度、变形影响,也可用于精密滑动间隙配合

配合	基本偏差	配合特性及应用举例
过渡配合	js(JS)	多用于 IT4～IT7 的具有平均间隙的过渡配合,用于略有过盈的定位配合,如联轴器的联轴节齿圈和轮毂的配合,滚动轴承外圈与外壳孔的配合多用 JS7,一般用手或木槌装配
	k(K)	多用于 IT4～IT7 的平均间隙接近零的配合,用于定位配合,如滚动轴承的内、外圈分别与轴颈、外壳孔的配合,用木槌装配
	m(M)	多用于 IT4～IT7 的平均过盈较小的配合,用于精密定位的配合,如涡轮的青铜轮缘与轮毂的配合为 H7/m6
	n(N)	平均过盈比较大,很少形成间隙,适用于 IT4～IT7,用铜棒或压力机装配,通常用于加键传递较大转矩的配合,H6/n5 配合时为过盈配合
过盈配合	p(P)	用于小过盈配合。与 H6 或 H7 的孔形成过盈配合,而与 H8 的孔形成过渡配合。碳钢和铸铁制零件形成的配合为标准压入配合,如绞车的绳轮与齿圈的配合为 H7/p6。合金钢制零件的配合需要小过盈量时可用 p(或 P)
	r(R)	用于传递大转矩或受冲击负荷而需要加键的配合,如涡轮与轴的配合为 H7/r6。H8/r8 配合在公称尺寸小于 100 mm 时,为过渡配合
	s(S)	用于钢和铸铁零件的永久性和半永久性结合,可产生相当大的结合力,如套环压的轴、阀座上用 H7/s6 配合
	t(T)	用于钢和铸铁零件的永久性结合,不用键可传递扭矩,需用热套法或冷轴法装配,如联轴器与轴的配合为 H7/t6
	u(U)	用于大过盈配合,最大过盈量需验算。用热套法进行装配,如火车轮毂和轴的配合为 H6/u5
	v(V),x(X) y(Y),z(Z)	用于特大过盈配合,目前使用的经验和资料很少,须经试验后才能应用,一般不推荐

表 4.5　基孔制常用配合和优先配合

基准孔	轴																				
	a	b	c	d	e	f	g	h	js	k	m	n	p	r	s	t	u	v	x	y	z
	间隙配合								过渡配合			过盈配合									
H6						$\frac{H6}{f5}$	$\frac{H6}{g5}$	$\frac{H6}{h5}$	$\frac{H6}{js5}$	$\frac{H6}{k5}$	$\frac{H6}{m5}$	$\frac{H6}{n5}$	$\frac{H6}{p5}$	$\frac{H6}{r5}$	$\frac{H6}{s5}$	$\frac{H6}{t5}$					
H7						$\frac{H7}{f6}$	▼ $\frac{H7}{g6}$	▼ $\frac{H7}{h6}$	$\frac{H7}{js6}$	▼ $\frac{H7}{k6}$	$\frac{H7}{m6}$	▼ $\frac{H7}{n6}$	▼ $\frac{H7}{p6}$	$\frac{H7}{r6}$	▼ $\frac{H7}{s6}$	$\frac{H7}{t6}$	▼ $\frac{H7}{u6}$	$\frac{H7}{v6}$	$\frac{H7}{x6}$	$\frac{H7}{y6}$	$\frac{H7}{z6}$

续表

基准孔	轴																				
	a	b	c	d	e	f	g	h	js	k	m	n	p	r	s	t	u	v	x	y	z
	间隙配合								过渡配合			过盈配合									
H8				$\frac{H8}{d8}$	$\frac{H8}{e7}$ / $\frac{H8}{e8}$	▼ $\frac{H8}{f7}$ / $\frac{H8}{f8}$	$\frac{H8}{g7}$	▼ $\frac{H8}{h7}$ / $\frac{H8}{h8}$	$\frac{H8}{js7}$	$\frac{H8}{k7}$	$\frac{H8}{m7}$	$\frac{H8}{n7}$	$\frac{H8}{p7}$	$\frac{H8}{r7}$	$\frac{H8}{s7}$	$\frac{H8}{t7}$	$\frac{H8}{u7}$				
H9			▼ $\frac{H9}{c9}$	$\frac{H9}{d9}$	$\frac{H9}{e9}$	$\frac{H9}{f9}$		▼ $\frac{H9}{h9}$													
H10			$\frac{H10}{c10}$	$\frac{H10}{d10}$				$\frac{H10}{h10}$													
H11	$\frac{H11}{a11}$	$\frac{H11}{b11}$	▼ $\frac{H11}{c11}$	$\frac{H11}{d11}$				▼ $\frac{H11}{h11}$													
H12		$\frac{H12}{b12}$						$\frac{H12}{h12}$													

注:1. H6/n5、H7/p6 在公称尺寸不大于 3 mm 和 H8/r7 在公称尺寸不大于 100 mm 时,为过渡配合。

2. 标注▼的配合为优先配合。

表 4.6 基轴制常用配合和优先配合

基准轴	孔																				
	A	B	C	D	E	F	G	H	JS	K	M	N	P	R	S	T	U	V	X	Y	Z
	间隙配合								过渡配合			过盈配合									
h5						$\frac{F6}{h5}$	$\frac{G6}{h5}$	$\frac{H6}{h5}$	$\frac{JS6}{h5}$	$\frac{K6}{k5}$	$\frac{M6}{h5}$	$\frac{N6}{h5}$	$\frac{P6}{h5}$	$\frac{R6}{h5}$	$\frac{S6}{h5}$	$\frac{T6}{h5}$					
h6						$\frac{F7}{h6}$	▼ $\frac{G7}{h6}$	▼ $\frac{H7}{h6}$	$\frac{JS7}{h6}$	▼ $\frac{K7}{h6}$	$\frac{M7}{h6}$	▼ $\frac{N7}{h6}$	▼ $\frac{P7}{h6}$	$\frac{R7}{h6}$	▼ $\frac{S7}{h6}$	$\frac{T7}{h6}$	▼ $\frac{U7}{h6}$				
h7					$\frac{E8}{h7}$	▼ $\frac{F8}{h7}$		▼ $\frac{H8}{h7}$	$\frac{JS8}{h7}$	$\frac{K8}{h7}$	$\frac{M8}{h7}$	$\frac{N8}{h7}$									
h8				$\frac{D8}{h8}$	$\frac{E8}{h8}$	$\frac{F8}{h8}$		$\frac{H8}{h8}$													

续表

基准轴	孔																				
	A	B	C	D	E	F	G	H	JS	K	M	N	P	R	S	T	U	V	X	Y	Z
	间隙配合								过渡配合			过盈配合									
h9				▼ D9/h9	E9/h9	F9/h9		▼ H9/h9													
h10				D10/h10				H10/h10													
h11	A11/h11	B11/h11	▼ C11/h11	D11/h11				H11/h11													
h12		B12/h12						H12/h12													

注:标注▼的配合为优先配合。

表 4.7　优先配合选用说明

优先配合		说明
基孔制	基轴制	
H11/c11	C11/h11	用于很松的、转动很慢的间隙配合,要求大公差与大间隙的外露组件,要求装配方便的、便于拆卸的配合
H9/d9	D9/h9	间隙很大的自由转动间隙配合,用于精度为非主要要求时,或有大的温度变动、高转速或大的轴径压力时
H8/f7	F8/h7	间隙不大的转动间隙配合,用于中等转速与中等轴径压力的精确转动,也用于容易装配的中等定位配合
H7/g6	G7/h6	间隙很小的滑动间隙配合,用于不希望自由转动,但可自由转动和滑动并精密定位时,也可用于要求明确的定位配合
H7/h6　H8/h7 H9/h9　H11/h11	H7/h6　H8/h7 H9/h9　H11/h11	均为间隙配合,零件可自由装拆,而工作时一般相对静止不动。在最大实体条件下的间隙为零,在最小实体条件下的间隙由公差等级决定
H7/k6	K7/h6	过渡配合,用于精密定位
H7/n6	N7/h6	过渡配合,允许有较大过盈的更精密定位

优先配合		说明
基孔制	基轴制	
$\dfrac{H7}{p6}$	$\dfrac{P7}{h6}$	小过盈配合,用于定位精度特别重要时,能以最高的定位精度达到部件的刚性及对中的性能要求,而对内孔承受压力无特殊要求,不依靠配合的紧固性传递摩擦负荷
$\dfrac{H7}{s6}$	$\dfrac{S7}{h6}$	中等压入配合,适用于一般钢件,或用于薄壁件的冷缩配合,用于铸铁件时可得到最紧的配合
$\dfrac{H7}{u6}$	$\dfrac{U7}{h6}$	压入配合,适用于可以承受高压力的零件或不宜承受大压力的冷缩配合

4.3 几何公差的选用

几何公差一般也叫形位公差,是零件几何误差的允许变动量,包括形状公差、位置公差、方向公差和跳动公差。在零件图中,几何公差通常采用符号标注。当无法采用符号标注时,允许在技术要求中用文字说明。几何公差符号包括几何特征符号、附加符号、几何公差框格及指引线、几何公差数值和其他有关符号以及基准符号等。几何特征符号及附加符号见表 4.8 和表 4.9,其标注方法参见《产品几何技术规范(GPS) 几何公差形状、方向、位置和跳动公差标准》(GB/T 1182—2018)。

表 4.8 几何公差特征符号

公差类型	几何特征	符号	有无基准	公差类型	几何特征	符号	有无基准
形状公差	直线度	——	无	位置公差	位置度	⊕	有或无
	平面度	▱	无		同心度(用于中心点)	◎	有
	圆度	○	无		同轴度(用于轴线)	◎	有
	圆柱度	⌀	无		对称度	=	有
	线轮廓度	⌒	无		线轮廓度	⌒	有
	面轮廓度	⌓	无		面轮廓度	⌓	有
方向公差	平行度	//	有				
	垂直度	⊥	有				
	倾斜度	∠	有	跳动公差	圆跳动	↗	有
	线轮廓度	⌒	有		全跳动	↗↗	有
	面轮廓度	⌓	有				

表 4.9　几何公差附加符号

说明	符号	说明	符号
被测要素	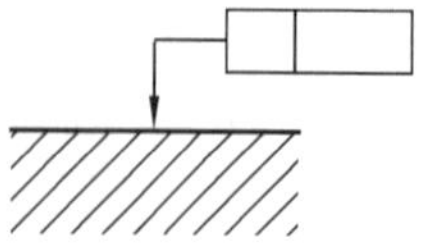	公共公差带	CZ
基准要素	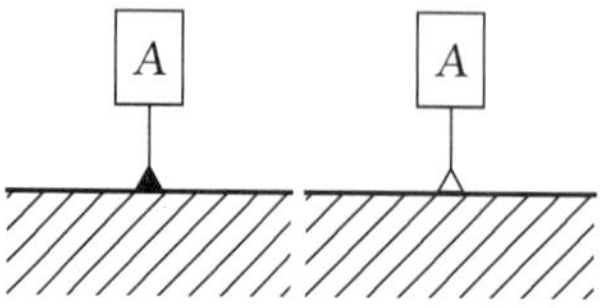	小径	LD
基准目标	$\dfrac{\phi 2}{A1}$	大径	MD
理论正确尺寸	60	中径、节径	PD
延伸公差带	ⓟ	线素	LE
最大实体要求	Ⓜ	不凸起	NC
最小实体要求	Ⓛ	任意横截面	ACS
自由状态条件（非刚性零件）	Ⓕ	全周（轮廓）	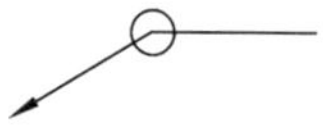
包容要求	Ⓔ		

4.4　材料确定及热处理要求

4.4.1　金属材料的确定

测绘模型中的零件，通常采用比较轻便的材料制造，但在测绘的零件图中，应注写零件的真实材料，其中金属材料的选择可参照表 4.10。

表 4.10　常用金属材料及其特点

牌号	特点	应用举例	说明
灰铸铁			
HT100	铸造性能好,工艺简单,应力小,减振性好,无须人工时效处理	用于制造载荷小、无特殊磨损要求的零件,如盖、手轮、底板、手柄等	"HT"表示灰铸铁,后面的数字表示最小抗拉强度(MPa)
HT150	铸造性能好,工艺简单,应力小,减振性好,无须人工时效处理,但有一定的机械强度	用于制造中等应力和摩擦、磨损的零件,如机床底座、齿轮箱、刀架等	
HT200 HT250	强度较高,耐磨性、耐热性、减振性较好,但需人工时效处理	用于制造较大应力和摩擦、磨损并有气密性和耐磨性要求的零件,如泵体、阀体、活塞、带轮、阀套、轴承盖等	
HT300 HT350	高强度、高耐磨性,但铸造性能较差,需人工时效处理	用于制造高应力和摩擦、磨损并有高气密性和耐磨性要求的零件,如重型机床床身、重载齿轮、主轴箱、曲轴、缸体等	
铸钢			
ZG200-400	低碳铸钢,韧性及塑性均好,但强度和硬度较低;焊接性好,但铸造性能差	用于机座、变速器壳体等受力不大、要求韧性的零件	"ZG"表示铸钢,其后第一组数字表示屈服强度最低值(MPa);第二组数字为抗拉强度(MPa)
ZG230-450		用于载荷不大、韧性较好的零件,如轴承盖、底板、阀体、机座、箱体等	
ZG270-500	中碳铸钢,有一定的韧性及塑性,强度和硬度较高,可加工性良好,焊接性尚可,铸造性能比低碳铸钢好	应用广泛,用于制作飞轮、工作缸、机架、气缸、轴承座、连杆、箱体等	
ZG310-570		用于承受重载荷的零件,如联轴器、大齿轮、缸体、机架、制动轮、轴等	
ZG340-640	高碳铸钢,具有高强度、高硬度及高耐磨性,塑性、韧性较低,铸造焊接性较差	用于起重运输机齿轮、联轴器、车轮、棘轮等	
碳素结构钢			
Q195	低碳钢	用于轻载荷的机件、铆钉、螺钉、垫片、焊接件等	"Q"表示钢的屈服强度,数字为屈服点数值(MPa)。同一钢号下分品质等级,用 A、B、C、D 表示,品质依次下降,如 Q235A
Q215			
Q235		常用于制造螺栓、螺钉、螺母、拉杆、轴等	

牌号	特点	应用举例	说明
优质碳素结构钢			
08F	低碳钢,塑性好,焊接性好;强度低,硬度低	垫片、垫圈、管子、摩擦片等	数字表示钢中碳的质量万分数,例如,"45"表示碳的质量分数为0.45%,数字依次增大,表示抗拉强度、硬度依次增大,断后伸长率依次下降。当锰的质量分数为0.7%~1.2%时,需注出"Mn"
10		拉杆、卡头、垫片、垫圈等	
15			
25	强度好,韧性好	轴、滚子、联轴器、螺栓等	
30		曲轴、轴销、连杆、横梁等	
35		连杆、圆盘、轴销、轴等	
40		齿轮、链轮、轴、键销、活塞杆等	
45			
65Mn	硬度高	大尺寸的各种扁、圆弹簧,如板簧等	
65		螺旋弹簧、板簧、弹性垫圈、量具、模具等	
70			
合金结构钢			
Q345 (16Mn)	低合金高强度结构钢,强度高于低碳钢,有足够的塑性和韧性	小齿轮、小轴、钢套、链板	钢中加合金元素以增强基体性能,合金元素符号前的数字表示碳的质量万分数,符号后面的数字表示合金元素的质量分数,当质量分数小于1.5%时,仅注出元素符号
35CrMo 40Cr	中碳合金钢,调质处理后具有良好的综合力学性能	曲轴、齿轮、高强度螺栓、连杆等	
20CrNi 20CrMnTi	合金渗碳钢,经表面渗碳处理后耐磨性好	活塞销、齿轮、轴等	
50CrVA	合金弹簧钢,经热处理后具有高弹性和足够的韧性	板簧、缓冲卷簧等	
GCr15 GCr15SiMn	滚动轴承钢,具有高强度、高硬度、高耐磨性和一定的耐蚀性	滚动轴承的内圈、外圈、滚动体等	
加工黄铜、铸造铜合金			
H62(代号)	具有优良的电导性、热导性、较强的抗大气腐蚀性和一定的力学性能、良好的加工性,强度低	散热器、垫圈、弹簧、螺钉等	"H"表示普通黄铜,数字表示铜的平均质量分数
ZCuZn38Mn2Pb2 ZCuSn5Pb5Zn5 ZCuAl10Fe3		铸造黄铜:用于制造轴瓦、轴套及其他耐磨零件	"ZCu"表示铸造铜合金,合金中其他主要元素用化学元素符号表示,符号后数字表示该元素的平均质量分数
		铸造锡青铜:用于承受摩擦的零件,如轴承	
		铸造铝青铜:用于制造涡轮、衬套、耐蚀性零件	

续表

牌号	特点	应用举例	说明
铝及铝合金、铸造铝合金			
1060 1050A	优良的电导性、热导性，强度不高，塑性好，良好的耐大气腐蚀性	适用于制作储槽、塔、热交换器及深冷设备	第一位数字表示铝及铝合金的组别，1×××组表示纯铝，其最后两位数字表示最低铝的质量分数中小数点后面的两位。2×××组表示以铜为主要合金元素的铝合金，其最后两位数字无特殊意义，仅用来表示同一组中不同铝合金。第二位的字母表示原始纯铝或铝合金的改型情况
2A12 2A13		适用于制作中等强度的零件，焊接性好	
ZAlCu5Mn （代号 ZL201） ZAlMg10 （代号 ZL301）	熔点低、流动性好，可铸造各种形状复杂而承载不大的铝件	砂型铸造：工作温度为175～300 ℃的零件，如内燃机缸盖、活塞 在大气或海水中工作，承受冲击载荷、外形不太复杂的零件，如舰船配件等	"ZAl"表示铸造铝合金，合金中的其他元素用化学元素符号表示，符号后数字表示该元素平均质量分数，代号中的数字表示合金序列代号和顺序号

4.4.2　非金属材料的确定

非金属材料包括高分子材料、硅酸盐材料和复合材料等。非金属材料资源丰富，成形工艺简单，又具有一定的特殊性能，因此应用非常广泛。这里简单介绍几类用于制作密封件、防振缓冲件的材料。

① 工业用毛毡。工业用毛毡有细毛、半粗毛、粗毛等种类，用于制作密封垫、防振缓冲衬垫。

② 软钢纸板。软钢纸板用于制作零件连接处的密封垫片。

③ 耐油橡胶板。耐油橡胶板具有耐溶剂介质膨胀性能，可在一定温度的润滑油、变压器油、汽油等介质中工作，用于制作各种形状的垫圈。

4.4.3　金属材料的热处理

热处理是指材料在固态下，通过加热、保温和冷却的手段，以获得预期组织和性能的一种金属热加工工艺。金属材料热处理是机械制造中的重要工艺之一，与其他加工工艺相比，热处理一般不改变工件的形状和整体的化学成分,而是通过改变工件内部的显微组织,或改变工件表面的化学成分,赋予或改善工件的使用性能。常用热处理和表面处理的方法及应用如表 4.11 所示。

表 4.11　常用热处理和表面处理方法及应用

名词	说明	作用与应用
退火	将钢件加热到适当温度保温一段时间,然后缓慢冷却(随炉冷却)	(1) 用来消除铸、锻、焊零件内应力; (2) 降低硬度,便于切削加工; (3) 细化及均匀组织,增强韧性
正火	将钢件加热到临界温度以上,保温一段时间,然后在空气中冷却(冷却速度比退火快)	用来处理低碳和中碳结构钢及渗碳件,使其组织细化,强度和韧性提高,改善低碳钢的可加工性
淬火	将钢件加热到临界温度以上,保温一段时间,然后在水或油中(个别合金钢在空气中)快速冷却,使材料得到高硬度	用来提高钢的硬度和强度极限,但同时会引起内应力增加,使钢变脆(甚至会引起开裂和变形),故淬火后必须回火
回火	将淬硬的钢件加热到临界温度以下的温度,保持一段时间,然后在空气中或油中冷却下来	用来消除淬火后的脆性和内应力,提高钢的塑性和冲击韧度。工具、刀具、模具等硬度要求较高材料,需要低温回火(150~250 ℃)处理。高温回火(500~650 ℃),见"调质"
调质	淬火后在 450~650 ℃进行高温回火	使钢获得高韧性和足够的强度,常用于重要齿轮、轴、丝杠等复杂受力构件
火焰淬火 高频感应淬火	用火焰或高频电流将零件表面迅速加热至临界温度以上,急速冷却	使零件表面获得高硬度,心部保持一定韧性,即使零件既耐磨又能受冲击
渗碳淬火	在渗碳剂中将钢加热到 900~950 ℃,停留一定时间,将碳渗入钢表面,深度为 0.5~2 mm,再淬火然后回火	提高钢件耐磨性能和疲劳强度,适用于低碳(C 的质量分数小于 0.3%)结构钢的中小型零件
渗氮	在 500~600 ℃通入氮的炉子内加热,向钢的表面渗入氮原子。渗氮层厚度为 0.025~0.8 mm,渗氮时间为 40~50 h	提高钢件的耐磨性能、表面硬度、疲劳强度和耐蚀性。用于在腐蚀性气体、液体介质中工作并有耐磨性要求的零件
时效	低温回火后,精加工之前,加热到 100~160 ℃,保持 10~40 h。对铸件也可用天然时效(放在露天中一年以上)处理	消除工件内应力和稳定形状;用于量具、精密丝杠、导轨等
发蓝发黑	将金属零件放在很浓的碱和氧化剂溶液中加热氧化,使金属表面形成一层由氧化物所组成的保护性薄膜	防腐蚀,美观;用于光学电子类零件或机械零件

第 5 章　典型零件的测绘

5.1　轴套类零件的测绘

5.1.1　轴套类零件的用途与特点

（1）轴套类零件的作用

轴套类零件是组成机器部件的重要零件之一，也是制图测绘时最常见的零件类型。轴类零件的主要作用是安装、支承回转零件，如齿轮、皮带轮等，并传递动力和扭矩，同时又通过轴承与机器的机架连接而起到定位作用，可分为光轴、阶梯轴、空心轴等。套类零件的主要作用是定位、支承、导向或传递动力，还可以保护转动零件。

（2）轴套类零件的结构特点

轴套类零件都是长度大于直径的同轴回转体，呈细长形状，一般由车削而成。根据工艺和功用要求，轴套类零件上通常有键槽、倒角、圆角、轴肩、螺纹、退刀槽、中心孔、销孔等结构。

5.1.2　轴套类零件的表达方法

轴套类零件通常采用水平放置绘制主视图，即轴线水平横放，符合车削和磨削的加工位置，便于工人看图。一般只用一个主视图来表示轴或套上各段阶梯长度及各种结构的轴向位置，键槽、孔和一些细部结构可采用断面图、局部视图、局部剖视图或局部放大图来表达，如图 5.1 所示为输出轴零件图。

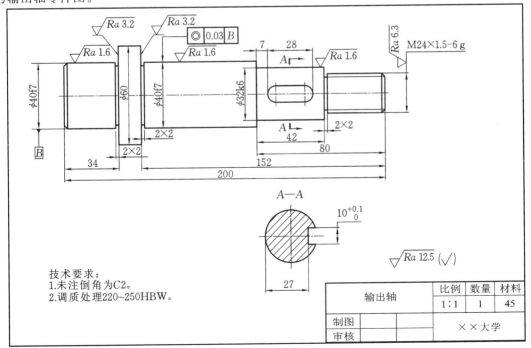

图 5.1　输出轴零件图

套类零件的主视投影方向与轴类零件一致,一般采用剖视图表达内部空心结构,用断面图和局部放大图表达局部结构,如图 5.2 所示为柱塞套零件图。

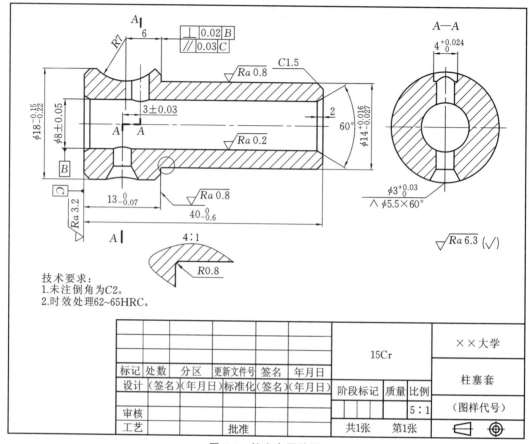

图 5.2　柱塞套零件图

5.1.3　轴套类零件的尺寸测量与标注

(1)轴向尺寸与径向尺寸

轴套类零件的轴向尺寸一般为非功能尺寸,可用钢直尺、游标卡尺直接测量各段的长度和总长度,然后圆整成整数。轴套类零件的总长度尺寸应直接度量出数值,不可用各段轴的长度累加计算。轴套类零件的径向尺寸多为配合尺寸,应先用游标卡尺或千分尺测量出各段轴径,再根据配合类型、表面粗糙度查阅轴或孔的极限偏差表,选择轴的基本尺寸和极限偏差值。

(2)标准结构尺寸标注

标注轴套上的螺纹尺寸时,应先采用 3.2.6 节介绍的方法测量出螺纹大径和螺距,然后查阅标准螺纹表选用接近的标准螺纹尺寸。标注键槽尺寸时,先从键槽的外形判断键的类型,然后测量键槽的槽宽、槽深和长度,再结合键槽所在轴段的基本直径尺寸,查表(参考附录 1)找出键的规格和键槽的标准尺寸。标注销的尺寸时,先用游标卡尺或千分尺测出销的直径和长度(圆锥销测量小端直径),然后根据销的类型查表确定销的公称直径和长度。

(3)工艺结构尺寸标注

轴套类零件上常见的工艺结构有倒角、倒圆、退刀槽、中心孔等,先测得这些结构的尺寸,然后查阅有关工艺结构的画法与尺寸标注方法,按照工艺结构标注方法统一标注。

5.1.4　轴套类零件的材料

（1）轴类零件的材料

轴类零件常用的材料有 35、45、50 优质碳素结构钢，其中以 45 钢应用最为广泛，一般经过调质处理硬度可达到 230～260 HBW。受载荷较小的轴可以用碳素结构钢；受载荷较大、强度要求高的轴，可以用 40Cr 钢调质处理，硬度可达到 230～240 HBW 或淬硬到 35～42 HRC。

高速、重载条件下工作的轴，选用 15Cr、20CrMnTi、20Mn2B、38CrMoAlA 等合金结构钢。滑动轴承中运转的轴，可用 15 钢或 20Cr 钢，渗碳淬火后硬度可达到 56～62 HRC，也可以用 45 钢表面高频感应淬火。球墨铸铁、高强度铸铁的铸造性能好且具有减振性能，常用于制造外形结构复杂的轴。

（2）套类零件的材料

套类零件的材料一般选用钢、铸铁、青铜或黄铜。孔径小的套筒，一般选择热轧或冷拉棒料，也可用实心铸件；孔径大的套筒，通常选择无缝钢管或带孔的铸件、锻件。套类零件常采用退火、正火、调质和表面淬火等热处理方法。

5.1.5　轴套类零件的技术要求

（1）表面粗糙度的选择

轴类零件都是机械加工表面，一般情况下，轴的支承轴颈表面粗糙度等级较高，常选择 $Ra0.8～3.2$，其他配合轴颈的表面粗糙度为 $Ra3.2～6.3$，非配合表面粗糙度则选择 $Ra12.5$。

套类零件有配合要求的外表面粗糙度可选择 $Ra0.8～1.6$。孔的表面粗糙度一般选择 $Ra0.8～3.2$，要求较高的精密套，其粗糙度可选择 $Ra0.1$。

（2）尺寸公差的选择

主要配合轴的直径尺寸公差等级一般为 IT5～IT9 级，相对运动的或经常拆卸的配合尺寸，其公差等级要高一些，相对静止的配合，其公差等级相应要低一些。阶梯轴的各段长度尺寸，可按使用要求给定尺寸公差，或者按装配尺寸链要求分配公差。

套类零件的外圆表面通常是支承表面，其与机架上的孔常采用过盈配合或过渡配合，外径公差一般为 IT6、IT7 级。如果外径尺寸没有配合要求，可直接标注直径尺寸。套类零件的孔径尺寸公差一般为 IT7～IT9 级（通常轴的尺寸公差要比孔的尺寸公差高一等级），精密轴套孔尺寸公差一般为 IT6 级。

（3）几何公差的选择

对精度要求一般的轴颈，其形状公差应限制在直径公差范围内，即按包容要求在直径公差后标注。如轴颈精度要求较高，则可直接标注允许的公差值，并根据轴承的精度选择公差等级，一般为 IT6、IT7 级。轴颈处的端面圆跳动一般选择 IT7 级，对轴上键槽两工作面应标注对称度。轴类零件的配合轴径相对于支承轴径的同轴度是相互位置精度的普遍要求，常用径向圆跳动来表示，以便测量。普通配合精度的轴径，其支承轴径的径向圆跳动通常为 0.01～0.03 mm，高精度的轴为 0.001～0.005 mm。此外，还应标注轴向定位端面与轴线的垂直度，以保证轴转动平稳、无噪声。

套类零件有配合要求的外表面，其圆度公差应控制在外径尺寸公差范围内，精密轴套孔的圆度公差一般为尺寸公差的 $1/3～1/2$。对于较长的套筒零件，除圆度公差外，还应标注圆孔轴线的直线度公差。套类零件内外圆的同轴度要根据加工方法的不同选择精度，如果套类零件的孔是将轴套装入机座后进行加工的，套的内外圆的同轴度要求较低；如果是在装配前加工完成的,则套的内孔对套的外圆的同轴度要求一般为 $\phi 0.01 \sim \phi 0.05$ mm。

5.2 盘盖类零件的测绘

5.2.1 盘盖类零件的用途与特点

　　盘盖类零件又叫轮盘类零件,包括盘类零件和盖类零件。盘类零件的主要作用是连接、支承、轴向定位和传递动力等,如带轮、齿轮、法兰盘等。盖类零件的主要作用是定位、支承和密封等,如轴承端盖、阀盖、泵盖等。

　　盘盖类零件的主体一般为回转体或其他平板型结构,厚度方向的尺寸比其他两个方向的尺寸小。为加强结构连接的强度,盘盖类零件常有肋板、轮辐等结构;为便于安装紧固,通常沿圆周均匀分布有螺栓孔或螺纹孔;此外,还有销孔、键槽、凸台、凹坑等结构。

5.2.2 盘盖类零件的表达方法

　　盘盖类零件通常以轴线水平横放作为主视投影方向,主视图一般采用全剖视图来表达内部结构。根据其结构形状及位置,再选用一个左视图(或右视图)来表达盘盖类零件的外形和安装孔的分布情况。有肋板、轮辐结构的可采用断面图来表达其断面形状,细小结构可采用局部放大图表达,如图 5.3 所示的端盖零件图。

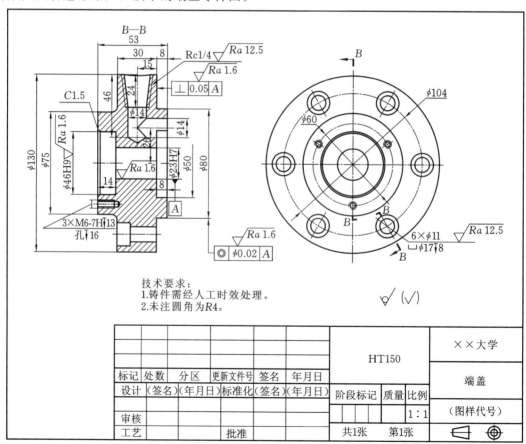

图 5.3　端盖零件图

5.2.3　盘盖类零件的尺寸测量与标注

盘盖类零件的一般性尺寸,如盘盖厚度、铸造结构尺寸可直接测量;标准件尺寸,如螺纹、键槽、销孔等,需先测出尺寸,再查表确定标准尺寸;配合孔或轴的尺寸,要用游标卡尺或千分尺测量,再查表选用国家标准推荐的基本尺寸系列,如轴与轴孔尺寸、销孔尺寸、键槽尺寸等。

标注盘盖类零件尺寸时,通常以重要的安装端面或定位端面(配合或接触表面)作为轴向尺寸主要基准,以中轴线作为径向尺寸主要基准;而工艺结构尺寸如退刀槽和越程槽、油封槽、倒角和倒圆等,要按照通用标注方法标注。

5.2.4　盘盖类零件的材料

盘盖类零件的坯料多为铸、锻件,材料为 HT150、HT200 等,一般不需要进行热处理。但重要的、受力较大的锻造件常采用正火、调质、渗碳和表面淬火等热处理方法。

5.2.5　盘盖类零件的技术要求

(1)表面粗糙度的选择

一般情况下,盘盖类零件有相对运动的配合表面粗糙度选取 $Ra0.8\sim1.6$,相对静止的配合表面粗糙度选择 $Ra3.2\sim6.3$,非配合表面的粗糙度为 $Ra6.3\sim12.5$。非配合表面多为铸造面,不需要标注表面粗糙度参数值。

(2)尺寸公差的选择

盘盖类零件有配合要求的轴与孔要标注尺寸公差,按照配合要求选择基本偏差,公差等级一般为 IT6～IT9 级。

(3)几何公差的选择

盘盖类零件与其他零件接触的表面应有平面度、平行度、垂直度要求。外圆柱面与内孔表面应有同轴度要求,精度一般为 IT7～IT9 级。

5.3　叉架类零件的测绘

5.3.1　叉架类零件的用途与特点

叉架类零件包括拨叉、连杆、摇臂、支架和轴承座等,常用在变速机构、操纵机构、支承机构和传动机构中,起到拨动、连接和支承、传动的作用。

叉架类零件一般由连接部分、工作部分和安装部分三部分组成,多为铸造件和锻造件,表面多为铸、锻表面。叉架类零件安装部分一般为板状,上面布有安装孔、凸台和凹坑等工艺结构;工作部分常是圆筒状,上面有较多的细小结构,如油孔、油槽、螺纹孔等;连接部分多为肋、板、杆等结构。

5.3.2　叉架类零件的表达方法

叉架类零件形状不规则,加工位置多变,一般综合考虑工作位置、安装位置和形状特征等来确定主视图投影方向。由于叉架类零件的连接结构常是倾斜或不对称的,故它还需要采用斜视图、局部视图、局部剖视图等组成一组视图来表达,肋板一般用断面图表达,如图 5.4 所示的连杆零件图。

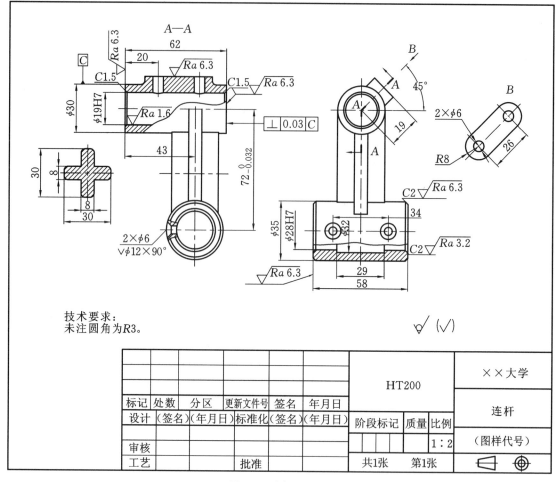

图 5.4　连杆零件图

5.3.3　叉架类零件的尺寸测量与标注

叉架类零件的测量方法与轴套类、盘盖类零件相同,测量前应先根据零件结构特点选择尺寸的基准平面。以图 5.4 为例,由于连杆的圆筒、轴座以及长圆形凸台都是重要的配合结构,因此圆筒和轴座的圆心位置和直径尺寸、长圆形凸台上安装孔的尺寸应采用游标卡尺或千分尺精确测量,测出尺寸后加以圆整或查表选择标准尺寸。其他的一般尺寸可直接测量取值。

标注尺寸时,一般选择零件的安装基面或零件的对称面作为主要尺寸基准。工作部分上的各个细部结构以工作部分的中心线(如圆筒轴线)作为辅助尺寸基准来标注定位尺寸。工艺结构如螺纹、退刀槽和越程槽、倒角和倒圆等,测出尺寸后需要按照规定标注方法标注,螺纹等标准件还要查表确定标准尺寸。

5.3.4　叉架类零件的材料

叉架类零件毛坯一般由铸造或锻造而成,然后进行切削加工,其材料多为 HT150 或

HT200,一般不需要进行热处理。对于重要的、做周期运动的锻造件也可采用正火、调质、渗碳和表面淬火等热处理方法。制图测绘时,叉架类零件的材料与热处理可运用类比法或检测法确定。

5.3.5 叉架类零件的技术要求

（1）表面粗糙度的选择

叉架类零件通常只有工作部分和安装部分有表面粗糙度要求。一般情况下,叉架类零件支承孔表面粗糙度为 $Ra3.2\sim6.3$;安装底板的接触表面粗糙度选择 $Ra3.2\sim6.3$;非配合表面粗糙度为 $Ra6.3\sim12.5$;其余表面都是铸造面或锻造面,不用标注表面粗糙度值。

（2）尺寸公差的选择

叉架类零件工作部分有配合要求的孔要标注尺寸公差,按照配合要求选择基本偏差,公差等级一般为 IT7～IT9 级,配合孔的中心定位尺寸常标注有尺寸公差,具体数值可查阅"机械设计手册"。

（3）几何公差的选择

叉架类零件的安装底板与其他零件接触的表面应有平面度、垂直度要求,支承内孔轴线应有平行度要求,精度一般为 IT7～IT9 级,可参考同类型的零件图类比确定。

5.4 箱体类零件的测绘

5.4.1 箱体类零件的用途与特点

箱体类零件是组成机器和部件的主体,其主要作用是连接、支承和封闭包容其他零件。箱体类零件一般为整个部件的外壳,如齿轮油泵泵体、减速器箱体、安全阀阀体等。

箱体类零件的内腔和外形结构都比较复杂,箱壁上常带有轴承孔、凸台、肋板等结构,安装部分还有安装底板、螺栓孔和螺纹孔。基于铸件制造工艺特点,安装底板、箱壁、凸台外轮廓常有拔模斜度、铸造圆角、铸件壁厚等铸造件工艺结构。

5.4.2 箱体类零件的表达方法

箱体类零件通常需要多个基本视图来表达其主体结构形状,主视图的选择需要根据零件的工作位置和形状特征综合考虑。其他视图可根据零件的内外特征采用基本视图、局部视图、斜视图和断面图等。局部结构还常用局部放大图和规定画法来表达,如图 5.5 所示为底座零件图。

5.4.3 箱体类零件的尺寸测量与标注

（1）箱体类零件的测量

箱体类零件的测量方法应根据各部位的形状和精度要求来选择。一般要求的线性尺寸,可直接用钢直尺或钢卷尺测量,如总长、总高和总宽等外形尺寸;光孔和螺孔深度可用游标卡尺上的深度尺来测量;对于有配合要求的孔径,如支承孔及其定位尺寸,要用游标卡尺或千分尺精确度量,以保证尺寸准确、可靠。

箱体类零件上的凸缘较难测量,最简便的是采用拓印法,不平整无法拓印的,也可采用铅

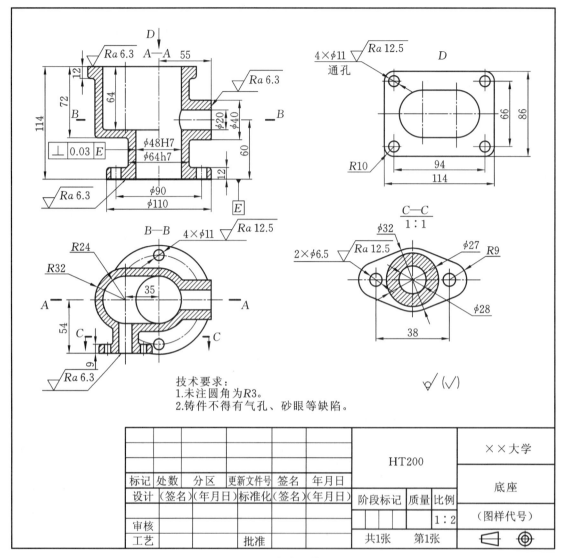

图 5.5　底座零件图

丝法,参照 3.2.7 节内容。

　　(2) 箱体类零件的尺寸标注

　　由于箱体类零件结构复杂,在标注尺寸时,确定各部分结构的定位尺寸很重要,因此要选择好各个方向的尺寸基准,一般以安装表面、主要支承孔轴线和主要端面作为长度和高度方向的尺寸基准,具有对称结构的以对称面作为尺寸基准。

　　箱体类零件的定形尺寸直接标出,如长、宽、高、壁厚、各种孔径及深度、沟槽深度、螺纹尺寸等;定位尺寸一般从基准直接注出;影响机器或部件工作性能的尺寸应直接标出,如轴孔中心距。

　　标准件如螺纹、退刀槽和越程槽、倒角和倒圆等,测出尺寸后还要按照规定标注方法标注,螺纹等标准件还要查表确定其标准尺寸。拔模斜度一般标注在技术要求中,用度数表示。

　　铸造圆角的半径,必须与箱体的相邻壁厚及铸造工艺方法相适应,具体选择时可参考表 5.1 和表 5.2。

表 5.1　铸造内圆角

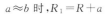　　　　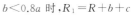

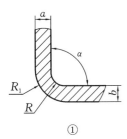　　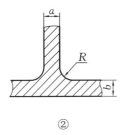　　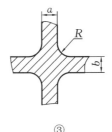　　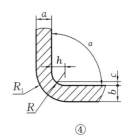

①　　　　　　②　　　　　　③　　　　　　④

（1）R 值　　　　　　　　　　　　　　（单位：mm）

$\frac{a+b}{2}$	内圆角 α										
	≤50°		>50°～75°		>75°～105°		>105°～135°		>135°～165°		>165°
	钢	铁	钢	铁	钢	铁	钢	铁	钢	铁	钢	铁
≤8	4	4	4	4	6	4		6				
9～12	4	4	4	4	6	6	10	8	16	12	25	20
13～16	4	4	6	4		6	12	10	20	16	30	25
17～20	6	4	8	6	10	8	16	12	25	20	40	30
21～27	6	6	10	8	12	10	20	16	30	25	50	40

（2）c 值和 h 值　　　　　　　　　　　（单位：mm）

b/a	<0.4	0.5～0.65	0.66～0.8	>0.8
c≈	0.7(a-b)	0.8(a-b)	a-b	
h≈ 钢	8c			
铁	9c			

表 5.2　铸造外圆角

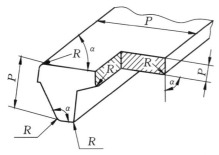　　

R 值　　　　　　　　　　　　（单位：mm）

P	外圆角 α					
	≤50°	>50°～75°	>75°～105°	>105°～135°	>135°～165°	>165°
≤25	2	2	2	4	6	8

P	外圆角 α					
	≤50°	>50°~75°	>75°~105°	>105°~135°	>135°~165°	>165°
>25~60	2	4	4	6	10	16
>60~160	4	4	6	8	16	25
>160~250	4	6	8	12	20	30
>250~400	6	8	10	16	25	40
>400~600	6	8	12	20	30	50

注:1. P 为表面的最小边尺寸。

2. 当一铸件按表可选出许多不同圆角 R 值时,应尽量减少或只取一适当的 R 值以求统一。

5.4.4 箱体类零件的材料

箱体类零件的结构形状比较复杂,一般先通过铸造或锻造获得毛坯件,然后进行切削加工。根据使用要求,箱体材料可选用 HT100~HT400 各种牌号的灰铸铁,常用牌号有 HT150 和 HT200。某些负荷较大的箱体,可采用铸钢件铸造。当箱体类零件是单件或小批量生产时,为缩短毛坯件的生产周期,可采用钢板焊接。为避免箱体加工变形、提高尺寸的稳定性、改善切削性能,箱体类零件的毛坯件要进行时效处理。

5.4.5 箱体类零件的技术要求

(1) 表面粗糙度的选择

箱体类零件加工面较多,一般情况下,主要支承孔表面粗糙度等级较高,为 $Ra0.8~1.6$,一般配合表面粗糙度为 $Ra1.6~3.2$,非配合表面粗糙度为 $Ra6.3~12.5$,其余表面都是铸造面,可不作要求。

(2) 尺寸公差的选择

箱体类零件上有配合要求的主轴承孔要标注较高等级的尺寸公差,按照配合要求选择基本偏差,公差等级一般为 IT6、IT7 级。在制图测绘中,也可采用类比法参照同类零件的尺寸公差选用。

(3) 几何公差的选择

箱体类零件的结构形状比较复杂,要标注几何公差来控制零件形体的误差,在测绘中可先测出箱体类零件的几何公差值,再参照同类零件的几何公差进行确定。

第6章 典型装配体的测绘实例

6.1 螺旋千斤顶测绘

6.1.1 螺旋千斤顶概述

（1）螺旋千斤顶结构与零件分析

螺旋千斤顶又称机械式千斤顶，是用来支承和起动重物的机构，由人力通过螺旋副传动，常用于汽车修理及机械安装中。

螺旋千斤顶主要包括底座、螺套、螺旋杆、顶垫、铰杠、铰杠帽、螺钉等零件，如图6.1所示。螺套与底座间由螺钉固定，磨损后便于更换；螺旋杆与螺套由螺纹传动，旋转螺旋杆可使重物升降；螺套在螺旋杆旋转到位后还可起到固定作用，以防止螺旋杆旋出底座；螺旋杆顶部的锥面结构与顶垫的内锥面接触，螺旋杆与顶垫之间由紧定螺钉限定位置。

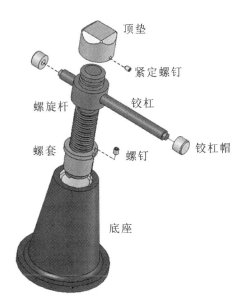

螺旋千斤顶
拆装动画

图 6.1　螺旋千斤顶结构示意图

（2）螺旋千斤顶工作原理

螺旋千斤顶工作时，重物压于顶垫之上，扳动铰杠使螺旋杆转动，螺旋杆与螺套之间的螺纹传动，可使螺旋杆上升或下降，从而起到起重和支承作用。

6.1.2 拆卸零部件并绘制装配示意图

（1）螺旋千斤顶装配示意图

装配示意图是在拆卸前画出的，没有对零部件编排序号，也不用对零件的材料进行确认。

这些内容都需要随着测绘工作的深入而逐步完成。装配示意图的绘制常常不能在部件拆卸前全部完成，只能绘制部件的外观结构，一些内部结构要一边拆卸一边绘制。在实践中，常借助生产厂商提供的相关资料进行绘制。

装配示意图应对所有零件进行编号，但在拆卸完成前，可先不编号，直接注写文字，待拆卸完成，核对装配示意图正确无误后，再按一定的顺序对所有零件进行编号。螺旋千斤顶的装配示意图如图 6.2 所示。

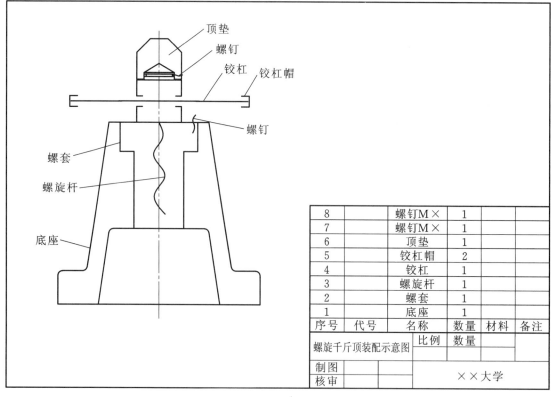

图 6.2　螺旋千斤顶装配示意图

（2）拆卸螺旋千斤顶零部件

弄清螺旋千斤顶的工作原理及装配关系后，即可进行零部件拆卸。首先应考虑好拆卸顺序，然后小心谨慎地进行。要采用正确的拆卸方法并合理地使用工具，切忌蛮干，以免损坏零件和发生事故。要把卸下的零件放置在规定的地方，妥善保存，以免丢失和损坏，具体拆卸方法可参考第 2 章内容。

拆卸时，必须注意分析各主要零件之间相互配合的尺寸和加工精度，可在拆卸前先观察，分析两零件间有无相对运动和了解其装配松紧程度，根据螺旋千斤顶工作时零件的动作情况，初步确定配合类型。然后参考有关资料，与类似零部件进行对比，从而比较准确地确定其配合性质。

准备拆卸记录表，依次记录拆卸零件的过程和问题。表 6.1 所示为可供参考的螺旋千斤顶零部件拆卸记录表。

拆卸完成后，应对所有零件进行编号，并填写到装配示意图中。对于装配体中的标准件，还要编制一个标准件明细表，表 6.2 为螺旋千斤顶标准件明细表。

表 6.1　螺旋千斤顶零部件拆卸记录表

装配体名称：	操作人：		记录人：		时间： 年 月 日
拆卸步骤	拆卸内容		遇到的问题及注意事项		备注
1	拆卸螺钉 1		轻度锈蚀,建议更换新螺钉		
2	拆卸顶垫				
3	拆卸铰杠帽				
4	拆卸铰杠				
5	拆卸螺旋杆		左旋螺纹,需要注意旋出方向		
6	拆卸螺钉 2		轻度锈蚀		
7	拆卸螺套				

表 6.2　螺旋千斤顶标准件明细表

序号	名称	规格	材料	数量	备注
1	螺钉 1	M5×8	Q235	1	GB/T 71—2018
2	螺钉 2	M6×8	Q235	1	GB/T 73—2017

在测绘实践中,标准件明细表也不是一次完成的,其中的规格和材料需要等到测量阶段才能确定。

6.1.3　螺旋千斤顶零件草图

装配体全部非标准件都应绘制零件草图,将螺旋千斤顶各零件草图依次绘制在附录 4 指定的图框中,草图的绘制方法参照 3.4 节内容。

6.1.4　螺旋千斤顶装配图和零件工作图

全部非标准件草图绘制完成后,应逐一对零件进行测量,并将实测尺寸标在草图上。非标准件测量完成后,还需要对标准件进行测量,然后根据国家标准选择标准件的型号,并将结果填入标准件明细表中。零件的具体测量方法可参照 3.2 节内容。

在测量零件尺寸后,还需要确定其表面粗糙度、尺寸公差、几何公差等技术要求。螺旋千斤顶各零件表面粗糙度要求如表 6.3 所示。

螺旋千斤顶底座要求强度较高,其材料选择 HT200 的灰铸铁;螺套材料选择 QAl 9-4 铝青铜,具有较高的强度,以及良好的耐蚀性和减摩性;螺旋杆、顶垫、铰杠和铰杠帽均选择耐磨性较好的碳素结构钢,其中螺旋杆为 Q255,顶垫为 Q275,铰杠和铰杠帽为 Q215。

此外,底座零件图还需标注外表面涂防锈漆的技术要求,装配图应标注技术要求:① 最大承载质量为 1 吨;② 整机外表面涂防锈漆。底座与螺套配合处应标注配合尺寸。

表 6.3　螺旋千斤顶主要零件表面粗糙度参考数值

零件名称	零件表面	Ra 值/μm
底座	上端面	12.5
	与螺套配合孔表面	1.6
螺套	内螺纹	3.2
	与底座配合表面	1.6
	其余加工面	6.3

续表

零件名称	零件表面	Ra 值/μm
螺旋杆	外螺纹	3.2
	其余加工面	6.3
顶垫	内锥孔表面	3.2
	其余加工面	6.3
铰杠	加工面	6.3
铰杠帽	加工面	6.3

注:所有加工面表面粗糙度均用去除材料方法获得。

　　根据装配示意图和零件草图,绘制螺旋千斤顶装配图,具体绘制步骤参照 3.5 节。零件草图是经测绘画出的最主要的原始资料,根据零件草图画装配图,相当于在图纸上对各零件进行一次装配。如果发现各零件间的装配和连接关系不合理,有关尺寸不吻合,说明零件草图有误,需要重新测绘该部分的结构和尺寸,更正错误。

　　需要注意的是,在画装配图之前,还要进一步分析螺旋千斤顶的结构特点,选择恰当的表达方案。螺旋千斤顶的装配图如图 6.3 所示。

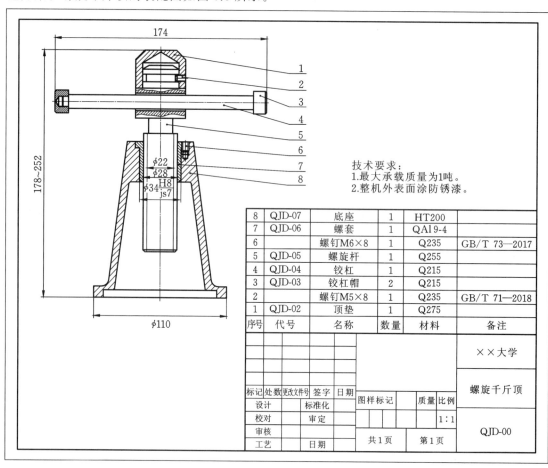

图 6.3　螺旋千斤顶装配图

　　绘制装配图并更正零件草图中的错误后,可根据装配图和零件草图绘制各零件的零件工作图。螺旋千斤顶底座、螺套和螺旋杆的零件工作图如图 6.4 所示。

　　需要强调的是,本书列举的各种模型的装配图和零件工作图,其视图表达方法可供参考,具体结构和尺寸需要以实际测绘模型为准。

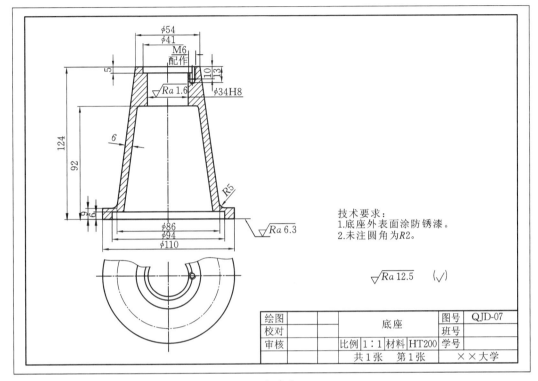

（a）底座

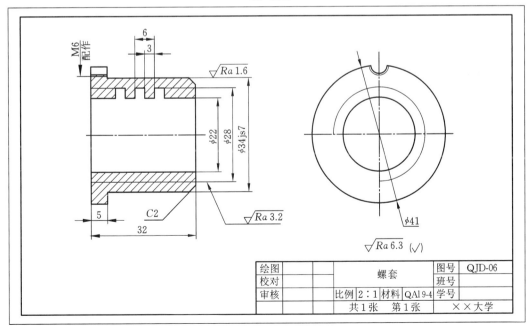

（b）螺套

图 6.4　螺旋千斤顶主要零件工作图

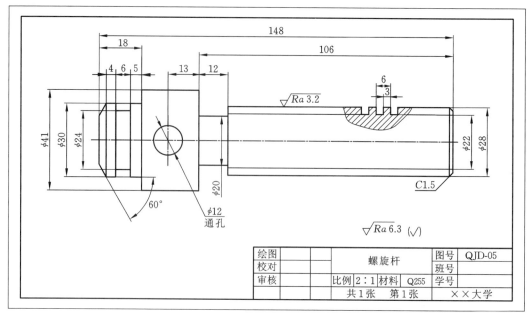

（c）螺旋杆

续图 6.4

6.2　安全阀测绘

6.2.1　安全阀概述

（1）安全阀结构与零件分析

如图 6.5 所示，该安全阀是安装在柴油发动机供油管路中的一个部件，用以使剩余柴油回到油箱中，主要包括阀体、阀门、阀盖、弹簧、弹簧托盘、螺杆、阀帽等零件。

安全阀拆装
动画

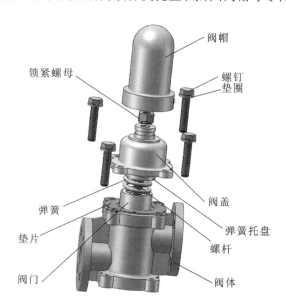

图 6.5　安全阀结构示意图

（2）安全阀工作原理

安全阀工作原理如图 6.6 所示。工作时,阀门靠弹簧的压力处于关闭位置,油从阀体左端孔流入,经下端孔流出。当油压超过允许压力时,阀门被顶开,过量油就从阀体和阀门间的缝隙经阀体右端孔管道流回油箱,从而使管路中的油压保持在允许的范围内,起到安全保护作用。

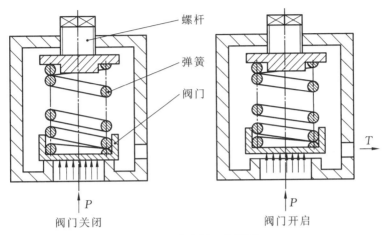

图 6.6　安全阀工作原理

6.2.2　拆卸零部件并绘制装配示意图

安全阀装配示意图的绘制方法与螺旋千斤顶相似。把安全阀看作透明体,用单线条画出其装配示意图。在画出外形轮廓的同时,画出其内部结构,表示零件的结构形状和装配关系。也可以画出较大零件的大致轮廓,其他较小的零件用单线或符号来表示。在装配示意图上,将所有零部件用文字明确标注。安全阀装配示意图如图 6.7 所示。

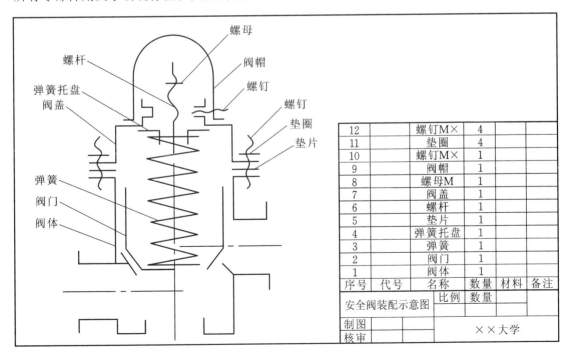

12		螺钉M×	4		
11		垫圈	4		
10		螺钉M×	1		
9		阀帽	1		
8		螺母M	1		
7		阀盖	1		
6		螺杆	1		
5		垫片	1		
4		弹簧托盘	1		
3		弹簧	1		
2		阀门	1		
1		阀体	1		
序号	代号	名称	数量	材料	备注
安全阀装配示意图		比例	数量		
制图			××大学		
核审					

图 6.7　安全阀装配示意图

安全阀正确的拆卸顺序及拆卸记录如表 6.4 所示。拆卸工具包括活扳手、内六角小扳手、螺丝刀等。

表 6.4　安全阀零部件拆卸记录表

装配体名称：　　　　操作人：　　　　记录人：　　　　时间：　年　月　日

拆卸步骤	拆卸内容	遇到的问题及注意事项	备注
1	拆卸紧定螺钉	轻度锈蚀	
2	拆卸阀帽		
3	拆卸锁紧螺母		
4	拆卸螺杆		
5	拆卸连接螺钉	轻度锈蚀,用活扳手可拆卸	
6	拆卸垫圈		
7	拆卸阀盖		
8	拆卸垫片	垫片轻度发霉,建议更换	
9	拆卸弹簧托盘		
10	拆卸弹簧		
11	拆卸阀门		

安全阀上的标准件包括紧定螺钉、锁紧螺母、连接螺钉及垫圈,标准件明细表如表 6.5 所示。

表 6.5　安全阀标准件明细表

序号	名称	规格	材料	数量	备注
1	螺钉 1	M5×6	Q235	1	GB/T 71—2018
2	锁紧螺母	M10	Q235	1	GB/T 6184—2000
3	螺钉 2	M5×28	Q235	4	GB/T 73—2017
4	垫圈	5×12×1	Q235	4	GB/T 95—2002

6.2.3　安全阀零件草图

安全阀全部非标准件都应绘制零件草图,将安全阀各零件草图依次绘制在附录 5 指定的图框中,草图的绘制方法参照 3.4 节内容。

6.2.4　安全阀装配图和零件工作图

测量安全阀全部非标准件的尺寸,标注在零件草图上。测量标准件尺寸,然后根据国家标准选择标准件的型号,并将结果填入标准件明细表中。确定各零件的表面粗糙度、尺寸公差、几何公差等技术要求。安全阀各零件表面粗糙度要求如表 6.6 所示。

表 6.6　安全阀主要零件表面粗糙度参考数值

零件名称	零件表面	Ra 值/μm
阀体	上、下、左、右各端面	3.2
	与阀门配合圆孔表面	1.6
	与阀门配合圆锥孔表面	0.8
	其余加工面	12.5
阀盖	下端面	3.2
	螺纹孔	6.3
	其余加工面	12.5
阀帽	与阀盖配合孔表面	6.3
	其余加工面	12.5
阀门	与阀体配合圆柱表面	3.2
	与阀体配合圆锥表面	0.8
	其余加工面	12.5
螺杆	螺纹	6.3
	其余加工面	12.5
弹簧托盘	全部表面	12.5

注:所有加工面表面粗糙度均用去除材料方法获得。

为保证阀体与阀盖的密封性,两零件配合表面需要一定的平面度,其参考数值如下:

① 阀体上、下、左、右各端面的平面度公差为 0.05 mm;

② 阀盖下端面平面度公差为 0.05 mm。

安全阀阀体、阀门、阀盖和阀帽材料均选用铸造铝合金,其中阀体和阀门为 ZL102,阀盖和阀帽为 ZL101;弹簧材料选用 65Mn 弹簧钢,弹簧托盘材料为 40Cr 合金钢;螺杆材料为 35 钢,垫片材料为工业用纸。

其他用文字说明的技术要求如表 6.7 所示。

表 6.7　安全阀其他技术要求

零件/装配体	技术要求
阀体	(1) 未注铸造圆角为 $R2$; (2) 90°锥面与阀门零件研配; (3) 未加工外表面涂蓝色油漆
阀盖	(1) 未注铸造圆角为 $R2$; (2) 未加工内表面涂红色油漆; (3) 未加工外表面涂绿色油漆

零件/装配体	技术要求
阀帽	（1）未加工内表面涂红色油漆； （2）未加工外表面涂绿色油漆
弹簧	（1）旋向：右； （2）有效圈数 $n=9$； （3）总圈数 $n_1=11.5$； （4）发蓝处理
安全阀装配体	（1）装配前用煤油清洗阀体各通道； （2）装配后应进行密封性试验，不得有渗漏现象； （3）未加工外表面涂蓝色油漆

根据装配示意图和零件草图，绘制安全阀装配图，如图 6.8 所示。

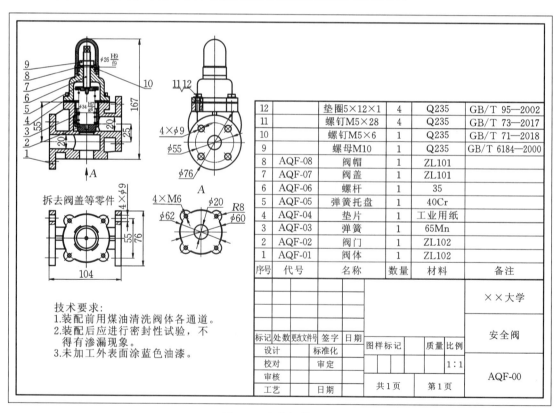

图 6.8　安全阀装配图

绘制装配图并更正零件草图中的错误后，可根据装配图和零件草图绘制各零件的零件工作图。阀体零件工作图如图 6.9 所示。

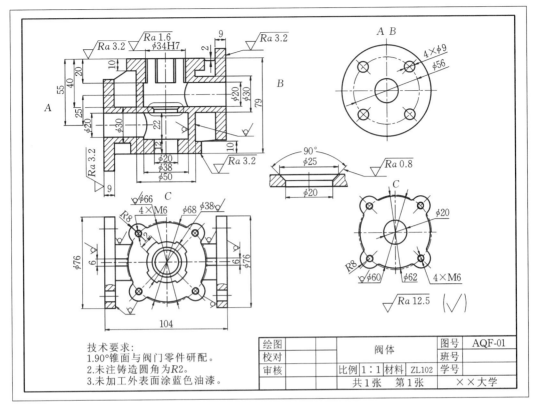

图 6.9　阀体零件工作图

6.3　齿轮油泵测绘

6.3.1　齿轮油泵概述

（1）齿轮油泵结构与零件分析

齿轮油泵是依靠泵体与啮合齿轮间所形成的工作容积变化和移动来输送油液或使之增压的回转泵。图 6.10 为 CB-B16 型齿轮油泵，主要由泵体、前盖、后盖、齿轮、长轴、短轴、轴套、法兰、密封圈、压盖等零件组成。

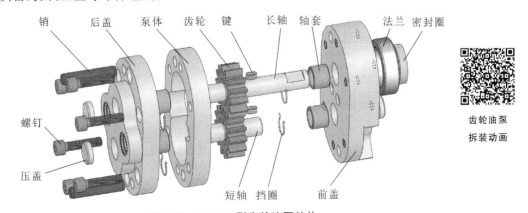

图 6.10　CB-B16 型齿轮油泵结构

（2）CB-B16 型齿轮油泵工作原理

如图 6.11 所示，工作时，齿轮油泵右侧（吸油腔）齿轮脱开啮合，齿轮的轮齿退出齿间，使密封容积增大，形成局部真空，油箱中的油液在外界大气压的作用下，经吸油管路、吸油腔进入齿间。随着齿轮的旋转，吸入齿间的油液被带到另一侧，进入压油腔，此时轮齿啮合使密封容积逐渐减小，齿轮间的油液被挤出，形成了齿轮油泵的压油过程。

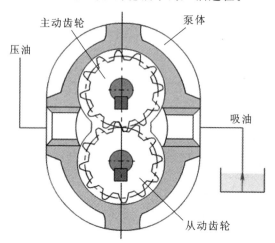

图 6.11　CB-B16 型齿轮油泵工作原理

6.3.2　拆卸零部件并绘制装配示意图

为了方便齿轮油泵被拆后装配复原，同时也为绘制正式的装配图做好准备，需要绘制出其装配示意图。用单线条形象地表示齿轮油泵各零件的结构形状和装配关系，较小的零件用单线或符号来表示，将所有零部件用文字明确标注。CB-B16 型齿轮油泵装配示意图如图 6.12 所示。

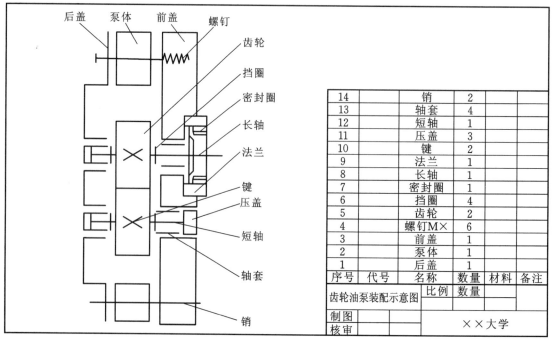

14		销	2		
13		轴套	4		
12		短轴	1		
11		压盖	3		
10		键	2		
9		法兰	1		
8		长轴	1		
7		密封圈	1		
6		挡圈	4		
5		齿轮	2		
4		螺钉M×	6		
3		前盖	1		
2		泵体	1		
1		后盖	1		
序号	代号	名称	数量	材料	备注
齿轮油泵装配示意图			比例	数量	
制图				××大学	
核审					

图 6.12　CB-B16 型齿轮油泵装配示意图

考虑好拆卸顺序后,小心谨慎地拆卸齿轮油泵各零件。对于用过盈配合和过渡配合装配的零件,为了保证原设计的配合性质和精度,不要硬将其拆开,如法兰与前盖,压盖与前、后盖孔,轴套与前、后盖孔的连接。对不用拆开(或无专用工具拆开)也能进行测绘的零件,则应尽量不拆,如装在轴沟槽中的挡圈。CB-B16 型齿轮油泵的拆卸顺序及拆卸记录参考表 6.8,拆卸工具包括活扳手、内六角扳手、螺丝刀、木槌、冲子等。

表 6.8　CB-B16 型齿轮油泵零部件拆卸记录表

装配体名称:　　　　　操作人:　　　　　记录人:　　　　　时间:　　年　　月　　日

拆卸步骤	拆卸内容	遇到的问题及注意事项	备注
1	拆卸螺钉	轻度锈蚀	
2	拆卸压盖		
3	拆卸后盖		
4	拆卸密封圈		
5	拆卸法兰		
6	拆卸前盖		
7	拆卸轴套		
8	拆卸销		
9	拆卸挡圈		
10	拆卸键		
11	拆卸齿轮		
12	拆卸短轴		
13	拆卸长轴		

齿轮油泵上的标准件包括螺钉、挡圈、密封圈、键、销,标准件明细表如表 6.9 所示。

表 6.9　CB-B16 型齿轮油泵标准件明细表

序号	名称	规格	材料	数量	备注
1	螺钉	M8×40	Q235	6	GB/T 71—2018
2	(轴用钢丝)挡圈	16	65Mn	4	GB/T 895.2—1986
3	密封圈	B16×35×7	橡胶	1	GB/T 9877—2008
4	键	5×16	45	2	GB/T 1096—2003
5	销	A10×50	35	2	GB/T 119.1—2000

6.3.3　齿轮油泵零件草图

齿轮油泵全部非标准件都应绘制零件草图,将齿轮油泵各零件草图依次绘制在附录 6 指定的图框中,草图的绘制方法参照 3.4 节内容。

6.3.4　齿轮油泵装配图和零件工作图

测量齿轮油泵全部非标准件的尺寸,标注在零件草图上。测量标准件尺寸,然后根据国家标准选择标准件的型号,并将结果填入标准件明细表中。确定各零件的表面粗糙度、尺寸公差、几何公差等技术要求。齿轮油泵主要零件表面粗糙度要求如表 6.10 所示。

表 6.10　CB-B16 型齿轮油泵主要零件表面粗糙度参考数值

零件名称	零件表面	Ra 值/μm
后盖	与泵体接触端面	0.8
	装压盖及轴套的孔表面	1.6
	销孔表面	3.2
泵体	左、右端面	0.8
	销孔表面	3.2
	容纳齿轮的内腔圆表面	3.2
前盖	与泵体接触端面	0.8
	装压盖及轴套的孔表面	1.6
	销孔表面	3.2
	与法兰配合内孔表面	6.3
长(短)轴	外圆面	0.4
	键槽及两侧	12.5
法兰	内孔面	3.2
	外圆面	3.2
	左(与前盖孔接触)端面	3.2
	右端面	6.3
轴套	内孔面	0.8
	外圆面	0.8
压盖	外圆面	1.6

注:加工面表面粗糙度均用去除材料方法获得,未注加工面表面粗糙度为 $Ra12.5$,非加工面为毛坯面。

　　为保证泵体与泵盖的密封性,其配合表面需满足一定的几何公差要求,参考数值如下:
　　① 泵体两端面的平面度公差为 0.005 mm;
　　② 泵体右端面对左端面的平行度公差为 0.008 mm;
　　③ 泵体内腔两个直径为 48 mm 的孔轴线对左端面的垂直度公差为 $\phi0.01$ mm。
　　为保证零件之间的装配精度,法兰与前盖孔的配合尺寸为 $\phi50U7/h6$,压盖与前、后盖孔的配合尺寸为 $\phi20H7/r6$,轴套与前、后盖孔的配合尺寸为 $\phi20H7/n6$,轴与轴套的配合尺寸为 $\phi16F7/h6$,齿轮齿顶圆与泵体内腔的配合尺寸为 $\phi48H7/f6$。此外,法兰内孔尺寸为 $\phi35JS8$,前、后盖销孔尺寸为 $\phi10H9$,长轴伸出端尺寸为 $\phi16h6$。
　　CB-B16 型齿轮油泵主体结构为铸造成型,泵体、前盖、后盖、法兰材料均为 HT300,轴与压盖的材料为 45 钢,齿轮材料为 40Cr 合金钢,轴套选用 20 高锡复合材料。
　　其他用文字说明的技术要求如表 6.11 所示。

表 6.11　齿轮油泵其他技术要求

零件/装配体	技术要求
泵体	(1) 铸件不得有砂眼、缩孔及疏松; (2) 锐边倒钝; (3) 定位孔相对零件外形的对称度公差不大于 0.1 mm; (4) 铸件应经时效处理

续表

零件/装配体	技术要求
后盖和前盖	(1) 铸件不得有砂眼、缩孔及疏松； (2) 未注圆角半径为 $R2.5\sim R3$； (3) 锐边倒钝
长轴和短轴	(1) 热处理 $47\sim53$HRC； (2) 两端倒角为 $C1$
齿轮油泵装配体	(1) 装配后应保证转动灵活，无阻滞现象； (2) 保证轴向间隙为 $0.03\sim0.04$ mm，径向间隙为 $0.10\sim0.15$ mm； (3) 在额定压力下工作时，油泵应运转正常； (4) 不得有无规律噪声； (5) 各结合面不允许漏油，压力波动不大于 0.15 MPa； (6) 油泵性能试验后应将进、出油口堵上

根据装配示意图和零件草图，绘制齿轮油泵装配图，如图 6.13 所示。

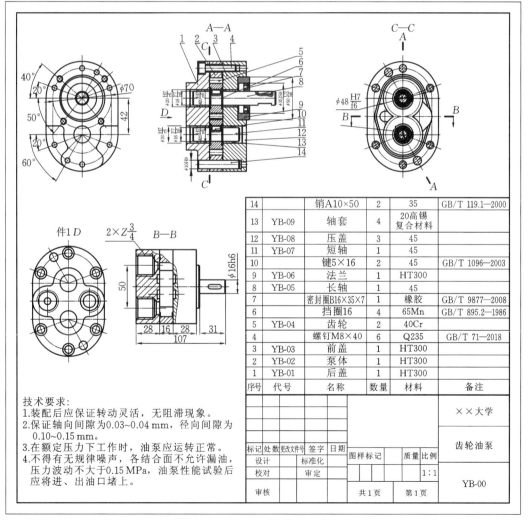

图 6.13　CB-B16 型齿轮油泵装配图

　　绘制装配图并更正零件草图中的错误后,可根据装配图和零件草图绘制各零件的零件工作图。图6.14为齿轮油泵后盖、泵体、前盖和齿轮的零件工作图。

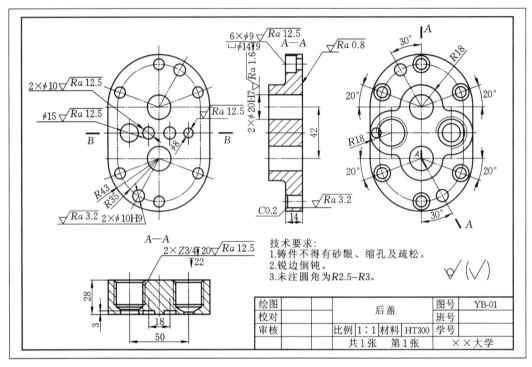

（a）后盖

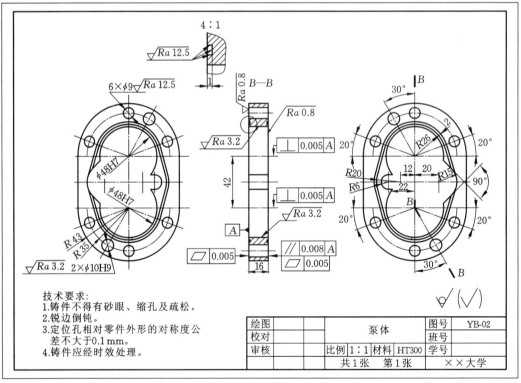

（b）泵体

图6.14　齿轮油泵主要零件工作图

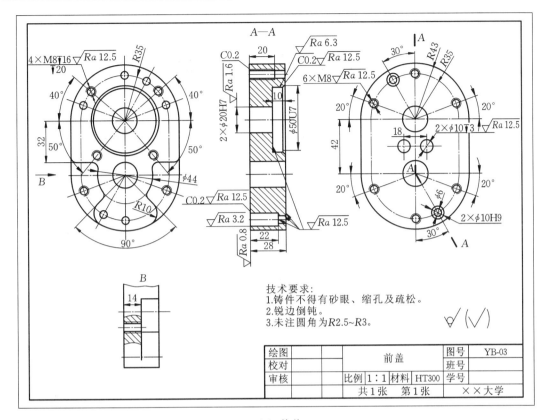

技术要求:
1.铸件不得有砂眼、缩孔及疏松。
2.锐边倒钝。
3.未注圆角为R2.5~3。

绘图		前盖		图号	YB-03
校对				班号	
审核		比例 1:1	材料 HT300	学号	
		共1张 第1张		××大学	

（c）前盖

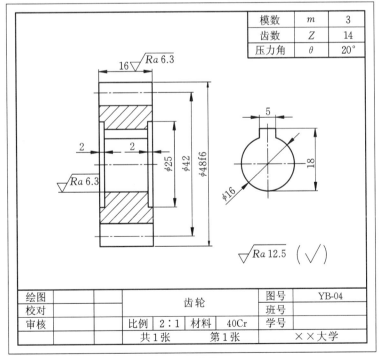

模数	m	3
齿数	Z	14
压力角	θ	20°

绘图		齿轮		图号	YB-04
校对				班号	
审核		比例 2:1	材料 40Cr	学号	
		共1张 第1张		××大学	

（d）齿轮

续图 6.14

附录 1 普通平键

普通平键键槽的剖面尺寸与公差(GB/T 1095—2003 摘编)

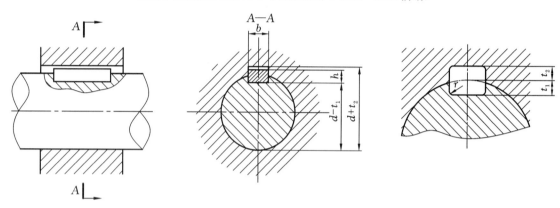

(单位:mm)

轴尺寸 d	键尺寸 $b×h$	基本尺寸	正常连接 轴 N9	正常连接 毂 JS9	紧密连接 轴和毂 P9	松连接 轴 H9	松连接 毂 D10	轴 t_1 基本尺寸	轴 t_1 极限偏差	毂 t_2 基本尺寸	毂 t_2 极限偏差	半径 r 最小值	半径 r 最大值
>6~8	2×2	2	−0.004 −0.029	±0.0125	−0.006 −0.031	+0.025 0	+0.060 +0.020	1.2		1.0		0.08	0.16
>8~10	3×3	3	−0.004 −0.029	±0.0125	−0.006 −0.031	+0.025 0	+0.060 +0.020	1.8	+0.1 0	1.4	+0.1 0	0.08	0.16
>10~12	4×4	4	0 −0.030	±0.015	−0.012 −0.042	+0.030 0	+0.078 +0.030	2.5	+0.1 0	1.8	+0.1 0	0.08	0.16
>12~17	5×5	5	0 −0.030	±0.015	−0.012 −0.042	+0.030 0	+0.078 +0.030	3.0		2.3		0.08	0.16
>17~22	6×6	6	0 −0.030	±0.015	−0.012 −0.042	+0.030 0	+0.078 +0.030	3.5		2.8		0.08	0.16
>22~30	8×7	8	0 −0.036	±0.018	−0.015 −0.051	+0.036 0	+0.098 +0.040	4.0		3.3		0.16	0.25
>30~38	10×8	10	0 −0.036	±0.018	−0.015 −0.051	+0.036 0	+0.098 +0.040	5.0		3.3		0.16	0.25
>38~44	12×8	12	0 −0.043	±0.0215	−0.018 −0.061	+0.043 0	+0.120 +0.050	5.0	+0.2 0	3.3	+0.2 0	0.25	0.40
>44~50	14×9	14	0 −0.043	±0.0215	−0.018 −0.061	+0.043 0	+0.120 +0.050	5.5		3.8		0.25	0.40
>50~58	16×10	16	0 −0.043	±0.0215	−0.018 −0.061	+0.043 0	+0.120 +0.050	6.0		4.3		0.25	0.40
>58~65	18×11	18	0 −0.043	±0.0215	−0.018 −0.061	+0.043 0	+0.120 +0.050	7.0		4.4		0.25	0.40

续表

轴尺寸 d	键尺寸 $b \times h$	键槽										
		宽度					深度				半径 r	
		基本尺寸	极限偏差				轴 t_1		毂 t_2			
			正常连接		紧密连接	松连接		基本尺寸	极限偏差	基本尺寸	极限偏差	最小值	最大值
			轴 N9	毂 JS9	轴和毂 P9	轴 H9	毂 D10	基本尺寸	极限偏差	基本尺寸	极限偏差	最小值	最大值

轴尺寸 d	键尺寸 $b \times h$	基本尺寸	轴 N9	毂 JS9	轴和毂 P9	轴 H9	毂 D10	轴 t_1 基本尺寸	轴 t_1 极限偏差	毂 t_2 基本尺寸	毂 t_2 极限偏差	最小值	最大值
>65~75	20×12	20						7.5		4.9			
>75~85	22×14	22	0 −0.052	±0.026	−0.022 −0.074	+0.052 0	+0.149 +0.065	9.0	+0.3 0	5.4	+0.2 0	0.40	0.60
>85~95	25×14	25						9.0		5.4			
>95~110	28×16	28						10.0		6.4			

注:1. 平键轴上键槽的长度公差用 H14。

2. 轴和轮毂上键槽宽度 b 两侧的表面粗糙度 Ra 的推荐值为 $1.6 \sim 3.2\ \mu m$,槽底面的表面粗糙度 Ra 的推荐值为 $6.3\ \mu m$。

附表 1.2　普通平键

普通平键(GB/T 1096—2003 摘编)

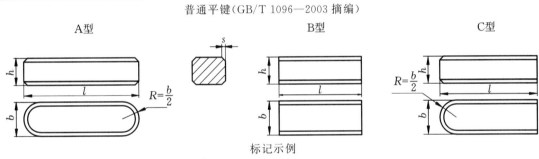

标记示例

$b=16$ mm、$h=10$ mm、$l=80$ mm 的普通 A 型平键:GB/T 1096 键　16×10×80

$b=16$ mm、$h=10$ mm、$l=80$ mm 的普通 B 型平键:GB/T 1096 键　B16×10×80

$b=16$ mm、$h=10$ mm、$l=80$ mm 的普通 C 型平键:GB/T 1096 键　C16×10×80

(单位:mm)

宽度 b 基本尺寸	2	3	4	5	6	8	10	12	14	16	18	20	22
高度 h 基本尺寸	2	3	4	5	6	7	8	8	9	10	11	12	14
倒角或倒圆 s	0.16~0.25			0.25~0.40		0.40~0.60						0.60~0.80	
长度 l	6~20	6~36	8~45	10~56	14~70	18~90	22~110	28~140	36~160	45~180	50~200	56~220	63~250
l 系列	6,8,10,12,14,16,18,20,22,25,28,32,36,40,45,50,56,63,70,80,…												

附录 2　设计文件尾注号

附表 2.1　设计文件尾注号

序号	名称	尾注号	字母含义
1	市场预测报告	SC	市场
2	技术调研报告	JC	技查
3	先行试验大纲	XD	先大
4	先行试验报告	XY	先验
5	可行性分析报告	KX	可行
6	可行性分析评审报告	KP	可评
7	新产品开发项目建议书	CJ	产建
8	技术报价书	JB	技报
9	技术协议书	JX	技协
10	技术(设计)任务书	JR	技任
11	技术建议书	JJ	技建
12	研究试验大纲	SG	试纲
13	研究试验报告	SB	试报
14	计算书	JS	计书
15	技术设计说明书	SS	设说
16	型式试验报告	XS	型式
17	试用(运行)报告	SY	试用
18	技术经济分析报告	JF	经分
19	标准化审查报告	BS	标审
20	试验总结	SZ	试总
21	试验鉴定大纲	SJ	试鉴
22	文件目录	WM	文目
23	图样目录	TM	图目
24	明细栏	MX	明细
25	通(借)用件汇总表	T(J)Y	通(借)用
26	外购件汇总表	WG	外购
27	标准件汇总表	BZ	标准
28	技术条件	JT	技条

续表

序号	名称	尾注号	字母含义
29	产品质量特性重要度分级表	CZ	产重
30	设计评审报告	SP	设评
31	使用说明书	SM	说明
32	合格证(合格说明书)	ZM	证明
33	质量证明书	ZZ	质证
34	装箱单	ZD	装单
35	包装文件	BW	包文
36	早期故障分析报告	ZG	早故
37	用户验收报告	YY	用验

注:通(借)用件汇总表可分为通用件汇总表(TY,通用)和借用件汇总表(JY,借用)。

附录 3 公差等级选择参考

附表 3.1 公差等级及应用举例

公差等级	应用条件说明	应用举例
IT01	用于特别精密的尺寸传递基准	特别精密的标准量块
IT0	用于特别精密的尺寸传递基准及宇航中特别重要的极个别机密配合尺寸	特别精密的标准量块；个别特别重要的精密机械零件尺寸；校对检验 IT6 级轴用量规的校对量规
IT1	用于精密的尺寸传递基准、高精密测量工具、特别重要的极个别精密配合尺寸	高精密标准量规；校对检验 IT7～IT9 级轴用量规的校对量规；个别特别重要的精密机械零件尺寸
IT2	用于高精密的测量工具、特别重要的精密配合尺寸	检验 IT6～IT7 级工件用量规的尺寸制造公差，校对 IT8～IT11 级轴用量规的校对塞规；个别特别重要的精密机械零件尺寸
IT3	用于精密测量工具、小尺寸零件的高精度的精密配合及与 C 级滚动轴承配合的轴径和外壳孔径	检验 IT8～IT11 级工件用量规和校对 IT9～IT13 级轴用量规的校对量规；与特别精密的 C 级滚动轴承内环孔（直径至 100 mm）相配的机床主轴，精密机械和高速机械的轴径；与 C 级深沟球轴承外环外径相配合的外壳孔径；航空工业及航海工业中导航仪器上特殊精密的个别小尺寸零件的精密配合
IT4	用于精密测量工具、高精度的精密配合和与 C 级、D 级滚动轴承配合的轴径和外壳孔径	检验 IT9～IT12 级工件用量规和校对 IT12～IT14 级轴用量规的校对量规；与 C 级轴承孔（孔径大于 100 mm 时）和 D 级轴承孔相配的机床主轴，精密机械和高速机械的轴径；与 C 级轴承相配的机床外壳孔；柴油机活塞销及活塞销座孔径；高精度（1～4 级）齿轮的基准孔或轴径；航空及航海工业中导航仪器上特殊精密的孔径
IT5	用于机床、发动机和仪表中特别重要的配合，在配合公差要求很小、形状精度要求很高的条件下，这类公差等级能使配合性质比较稳定，相当于旧国标（指 GB 1184—1980，下同）中最高精度（1 级精度轴），故它对加工要求较高，一般机械制造中较少应用	检验 IT11～IT14 级工件用量规和校对 IT14～IT15 级轴用量规的校对量规；与 D 级滚动轴承相配的机床箱体孔；与 E 级滚动轴承孔相配的机床主轴，精密机械及高速机械的轴径；机床尾座套筒，高精分度盘轴径；分度头主轴，精密丝杠基准轴径；高精度镗套的外径等；发动机中主轴的外径，活塞销与活塞的配合；精密仪器中轴与各种传动件轴承的配合；航空、航海工业中，仪表中最重要的精密孔的配合；5 级精度齿轮的基准孔及 5 级、6 级精度齿轮的基准轴

公差等级	应用条件说明	应用举例
IT6	广泛用于机械制造中的重要配合，配合表面有较高均匀性的要求，能保证相当高的配合性质，使用可靠。相当于旧国标中的 2 级精度轴和 1 级精度孔的公差	检验 IT12～IT15 级工件用量规和校对 IT15～IT16 级轴用量规的校对量规；与 E 级滚动轴承相配的外壳孔及与滚子轴承相配的机床主轴轴颈；机床制造中，装配式青铜蜗轮、齿轮、联轴器、带轮、凸轮的轴径；机床丝杠支承轴颈、矩形花键的定心直径、摇臂钻床的立柱等；机床夹具的导向件的外径尺寸；精密仪器、光学仪器、计量仪器中的精密轴；航空、航海仪器仪表中的精密轴；无线电工业、自动化仪表、电子仪器、邮电机械中特别重要的轴，以及手表中特别重要的轴；导航仪器中主罗经的方位轴、微电动机轴、电子计算机外围设备中的重要尺寸；医疗器械中牙科直车头中心齿轴及 X 线机齿轮箱的精密轴等；缝纫机中重要轴类尺寸；发动机中的气缸套外径、曲轴主轴轴径、活塞销、连杆衬套、连杆和轴瓦外径等；6 级精度齿轮的基准孔和 7 级、8 级精度齿轮的基准轴，以及特别精密（1 级、2 级精度）齿轮的顶圆外径
IT7	应用条件与 IT6 类似，但它要求的精度可比 IT6 稍低一点。在一般机械制造业中应用相当普遍，相当于旧国标中 3 级精度轴或 2 级精度孔的公差	检验 IT14～IT16 级工件用量规和校对 IT16 级轴用量规的校对量规；机床制造中装配式青铜蜗轮轮缘孔，联轴器、带轮、凸轮等的孔，机床卡盘座孔，摇臂钻床的摇臂孔，车床丝杠的轴承孔等；机床夹头导向件的内孔（如固定钻套、可换钻套、衬套、镗套等）；发动机中的连杆孔、活塞孔、铰制螺栓定位孔等；纺织机械中的重要零件；印染机械中要求较高的零件；精密仪器、光学仪器中精密配合的内孔；手表中的离合杆压簧等；导航仪器中主罗经壳底座孔、方位支架孔；医疗器械中牙科直车头中心齿轮轴的轴承孔及 X 线机齿轮箱的转盘孔；电子计算机、电子仪器仪表中的重要内孔；缝纫机中的重要轴内孔零件；邮电机械中重要零件的内孔；7 级、8 级精度齿轮的基准孔和 9 级、10 级精密齿轮的基准轴
IT8	用于机械制造中的中等精度；在仪器、仪表及钟表制造中，由于基本尺寸较小，所以属较高精度范畴；在配合确定性要求不太高时，属应用较多的一个精度等级，尤其在农业机械、纺织机械、印染机械、自行车、缝纫机、医疗器械中应用最广	检验 IT16 级工件用量规；轴承座衬套沿宽度方向的尺寸配合；手表中跨齿轴、棘爪拨针轮等与夹板的配合；无线电仪表工业中的一般配合；电子仪器仪表中较重要的内孔；计算机中变速齿轮孔和轴的配合；医疗器械中牙科车头的钻头套的孔与车针柄部的配合；导航仪器中主罗经粗刻度盘孔月牙形支架与微电动机汇电环孔等；电动机制造中铁心与机座的配合；发动机活塞油环槽宽，连杆轴瓦内径；低精度（9～12 级精度）齿轮的基准孔，11～12 级精度齿轮的基准轴，6～8 级精度齿轮的顶圆

公差等级	应用条件说明	应用举例
IT9	应用条件与 IT8 类似,但要求精度低于 IT8 时用,比旧国标 4 级精度公差值稍大	机床制造中轴套外径与孔、操纵件与轴、空转带轮与轴、操作系统的轴与轴承等的配合;纺织机械、印染机械中的一般配合零件;发动机中机油泵体内孔、气门导管内孔、飞轮与飞轮套、圈衬套、混合器预热阀轴、气缸盖孔径、活塞槽环的配合等;光学仪器、自动化仪表中的一般配合;手表中要求较高零件的未注公差尺寸的配合;单键连接中键宽配合尺寸;打字机中的运动件配合等
IT10	应用条件与 IT9 类似,但要求精度低于 IT9 时用,相当于旧国标的 5 级精度公差	电子仪器仪表中支架上的配合;导航仪器中绝缘衬套孔与汇电环衬套轴;打字机中铆合件的配合尺寸;闹钟机构中的中心管与前夹板;轴套与轴;手表中尺寸小于 18 mm 时要求一般的未注公差尺寸及大于 18 mm 时要求较高的未注公差尺寸;发动机中油封挡圈孔与曲轴带轮毂
IT11	配合精度要求较低,装配后可能有较大的间隙,特别适合用于要求间隙较大且有显著变动而不会引起危险的场合,相当于旧国标的 6 级精度公差	机床上法兰盘止口与孔、滑块与滑移齿轮、凹槽等;农业机械、机车车厢部件及冲压加工的配合零件;钟表制造中不重要的零件、手表制造用的工具及设备中的未注公差尺寸;纺织机械中较粗糙的间隙配合;印染机械中要求较低的配合;医疗器械中手术刀片的配合;磨床制造中的螺纹连接及粗糙的动连接;不作测量基准用的齿轮顶圆直径公差
IT12	配合精度要求很低,装配后有很大的间隙,适合用于基本上没有什么配合要求的场合,如要求较低、未标注公差尺寸的极限偏差,比旧国标的 7 级精度公差值稍小	非配合尺寸及工序间尺寸;发动机分离杆;手表制造中工艺装备的未注公差尺寸;计算机行业切削加工中未注公差尺寸的极限偏差;医疗器械中手术刀柄的配合;机床制造中扳手孔与扳手座的连接
IT13	应用条件与 IT12 类似,但比旧国标 7 级精度公差值稍大	非配合尺寸及工序间尺寸,计算机、打字机中切削加工零件及圆片孔、两孔中心距的未注公差尺寸
IT14	用于非配合尺寸及不包括在尺寸链中的尺寸,相当于旧国标中的 8 级精度公差	在机床、汽车、拖拉机、冶金矿山、石油化工、电动机、电气、仪表、仪器、造船、航空、医疗器械、钟表、自行车、缝纫机、造纸与纺织机械等工业中切削加工零件未注公差尺寸的极限偏差,广泛采用此等级
IT15	用于非配合尺寸及不包括在尺寸链中的尺寸,相当于旧国标的 9 级精度公差	冲压件、木模铸造零件、重型机床制造件,当尺寸大于 3150 mm 时的未注公差尺寸

公差等级	应用条件说明	应用举例
IT16	用于非配合尺寸及不包括在尺寸链中的尺寸,相当于旧国标的 10 级精度公差	打字机浇铸件尺寸;无线电设备制造中箱体外形尺寸;手术器械中的一般外形尺寸公差;压弯延伸加工用尺寸;纺织机械中木件尺寸公差;塑料零件尺寸公差;木模制造和自由锻造用公差
IT17	用于非配合尺寸及不包括在尺寸链中的尺寸,相当于旧国标的 11 级精度公差	塑料成型尺寸公差;手术器械中的一般外形尺寸公差
IT18	用于非配合尺寸及不包括在尺寸链中的尺寸,相当于旧国标的 12 级精度公差	冷作、焊接尺寸用公差

附录 4   螺旋千斤顶零件草图图框

（1）底座

	底座
学号	图号
绘图	比例

（2）螺套

螺套		
学号	图号	
绘图	比例	

（3）螺旋杆

	螺旋杆
学号	图号
绘图	比例

（4）铰杠

绘图		学号		铰杠
比例		图号		

（5）铰杠帽

绘图		学号		铰杠帽
比例		图号		

（6）顶垫

绘图		学号		顶垫
比例		图号		

附录 5 安全阀零件草图图框

（1）阀体

<table>
<tr><td rowspan="6"></td><td colspan="2">阀体</td></tr>
<tr><td></td><td></td></tr>
<tr><td>学号</td><td>图号</td></tr>
<tr><td></td><td></td></tr>
<tr><td>绘图</td><td>比例</td></tr>
</table>

（2）阀门

绘图		学号		阀门
比例		图号		

（3）弹簧

绘图		学号		弹簧
比例		图号		

（4）弹簧托盘

绘图		学号		弹簧托盘
比例		图号		

（5）垫片

绘图		学号		垫片
比例		图号		

（6）阀盖

绘图		学号		阀盖
比例		图号		

（7）阀帽

绘图		学号		阀帽
比例		图号		

附录 6 齿轮油泵零件草图图框

（1）后盖

	后盖
学号	图号
绘图	比例

（2）泵体

	泵体
学号	图号
绘图	比例

（3）前盖

	前盖
学号	图号
绘图	比例

（4）齿轮

绘图		学号		齿轮
比例		图号		

（5）长轴

绘图		学号		长轴
比例		图号		

（6）法兰

绘图		学号		法兰
比例		图号		

（7）短轴

| 绘图 | | 学号 | | 短轴 |
| 比例 | | 图号 | | |

（8）压盖

绘图		学号		压盖
比例		图号		

（9）轴套

绘图		学号		轴套
比例		图号		

附录7　测绘模型主要零件三维图

（a）底座

（b）螺套

（c）螺旋杆

（d）顶垫

附图 7.1　螺旋千斤顶主要零件三维图

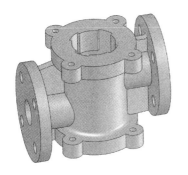

（a）阀体

（b）阀盖

（c）螺杆

（d）阀帽

（e）阀门

（f）弹簧托盘

（g）弹簧

附图 7.2　安全阀主要零件三维图

（a）后盖

（b）泵体

（c）前盖

（d）齿轮

（e）法兰

（f）轴套

（g）长轴

（h）短轴

附图 7.3　齿轮油泵主要零件三维图

参 考 文 献

[1] 裴承慧,刘志刚. 机械制图测绘实训[M]. 北京:机械工业出版社,2017.
[2] 冯志辉,温够萍. 机械制图测绘[M]. 北京:北京理工大学出版社,2018.
[3] 高红. 机械零部件测绘 [M]. 北京:中国电力出版社,2008.
[4] 赵香梅. 机械制图与零件测绘 [M]. 北京:机械工业出版社,2010.
[5] 刘立平. 制图测绘与 CAD 实训 [M]. 上海:复旦大学出版社,2015.